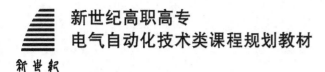

新世纪高职高专
电气自动化技术类课程规划教材

C语言设计教程
上机指导及题解

新世纪高职高专教材编审委员会 / 组　编

何　强 / 主　编

李翠梅　蒋冬梅　石　惠　唐　振　宋　扬 / 副主编

丁亚明 / 主　审

大连理工大学出版社

图书在版编目(CIP)数据

C语言设计教程上机指导及题解 / 何强主编. — 大
连：大连理工大学出版社，2012.8(2025.1重印)
新世纪高职高专电气自动化技术类课程规划教材
ISBN 978-7-5611-7226-1

Ⅰ．①C… Ⅱ．①何… Ⅲ．①C语言—程序设计
—高等职业教育—教学参考资料 Ⅳ．①TP312

中国版本图书馆 CIP 数据核字(2012)第 197234 号

大连理工大学出版社出版
地址:大连市软件园路 80 号　邮政编码:116023
营销中心:0411-84707410　84708842　邮购及零售:0411-84706041
E-mail:dutp@dutp.cn　　URL:https://www.dutp.cn
北京虎彩文化传播有限公司印刷　　大连理工大学出版社发行

幅面尺寸:185mm×260mm　　印张:14.5　　字数:347 千字
2012 年 8 月第 1 版　　　　2025 年 1 月第 14 次印刷

责任编辑:唐　爽　　　　　　　　　　责任校对:杨　帆
封面设计:张　莹

ISBN 978-7-5611-7226-1　　　　　　　　　定　价:35.00 元

本书如有印装质量问题,请与我社营销中心联系更换。

前　言

　　《C语言设计教程上机指导及题解》是新世纪高职高专教材编审委员会组编的电气自动化技术类课程规划教材之一。

　　C语言是目前最为流行的通用程序设计语言之一，既具备高级语言的特性，又具有直接操作计算机硬件的能力，并以其丰富灵活的控制和数据结构、简洁而高效的语句表达、清晰的程序结构和良好的可移植性而拥有大量的使用者。

　　《C语言设计教程上机指导及题解》是《C语言设计教程》一书的配套辅导教材，是对主教材的补充和提高。全书分为三大部分：

　　第一部分是上机实验指导，这些实验是编者根据教学经验精心设计的，目的在于帮助学生掌握C语言的语法，学会设计解题的算法，并学习怎样调试和测试程序。

　　第二部分为《C语言设计教程》教材各章节相应的习题参考答案，通过对典型问题予以分析，引导读者掌握一般题型的解答思路，提高解决实际问题的能力，为课堂教学过渡到独立编程提供更佳的模拟环境和知识拓展。

　　第三部分是2010年和2011年全国计算机等级考试二级（C语言程序设计）的笔试试卷和参考答案及解析，供读者学习。

　　全书概念清晰、重点突出、实用性强，既考虑到初学者的特点，又能满足软件设计人员的工作需要。书中例题均在Visual C++ 6.0设计环境下运行通过。本书既可以作为教师讲授C语言的辅导教材，又可作为大学和专科院校的学生以及计算机培训班学员学习C语言的教材，还可作为广大软件开发人员、自学人员和参加等级考试人员的参考用书。

　　本教材由何强任主编，李翠梅、蒋冬梅、石惠、唐振、宋扬

新世纪

任副主编。具体编写分工如下：李翠梅编写上机实验指导的实验一至实验七，及实验十五；蒋冬梅编写上机实验指导的实验八至实验十四；何强编写上机实验指导的实验十六，以及2010年全国计算机等级考试二级笔试（C语言程序设计）试题及解析；石惠编写《C语言设计教程》第1章至第5章习题及解析；唐振编写《C语言设计教程》第6章至第8章习题及解析；宋扬编写《C语言设计教程》第10章至第12章习题及解析，以及2011年全国计算机等级考试二级笔试（C语言程序设计）试题及解析。安徽水利水电职业技术学院的丁亚明教授审阅了全书，并提出许多宝贵的意见和建议，在此表示衷心的感谢！

　　由于编者水平有限，书中难免存在错误或不妥之处，敬请读者批评指正，并将建议和意见反馈给我们，以便修订时改进。

所有意见和建议请发往：dutpgz@163.com

欢迎访问职教数字化服务平台：https://www.dutp.cn/sve/

联系电话：0411-84707424　84708979

编　者

目 录

第 一 篇

上机实验指导

实验一

C 语言的集成开发环境

一、实验目的与要求

1. 熟悉 C 语言的集成开发环境。
2. 会用一种集成环境编译简单的 C 语言程序。
3. 通过编程环境的使用了解 C 语言程序的开发过程。

二、实验准备知识

1. C 语言程序的编译步骤

C 语言程序的编译步骤为：编辑、编译、连接和运行。

● 编辑：建立扩展名为".c"的源程序文件。

● 编译：对源文件进行编译，生成扩展名为".opj"的中间文件。

● 连接：根据程序需要连接库函数或其他目标程序，生成扩展名为".exe"的可执行文件。

● 运行：运行可执行文件。

2. 实验环境

C 语言的集成开发环境有 Turbo C 2.0、Visual C++ 6.0 等。

其中 Turbo C 2.0 可以由 DOS 平台进入，也可以由 Windows 平台进入，一般不支持鼠标操作及中文编辑。其操作界面如下图所示。

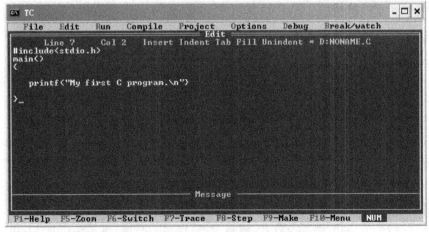

Visual C++ 6.0 也是一种常用的 C 语言集成开发环境，由 Microsoft 于 1997 年推出，

用户界面为集成窗口,包括菜单栏、工具栏、工作区、编辑区和输出窗格等。其操作界面如下图所示。Visual C++ 6.0 支持鼠标操作,本书所有的实验都是在 Visual C++ 6.0 的环境下完成的。

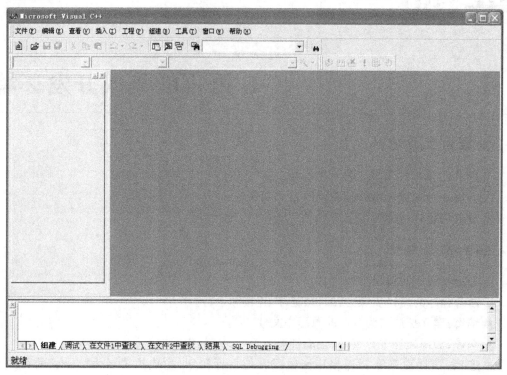

集成开发环境 Visual C++ 6.0 的工具栏包括标准工具栏,可完成打开、保存、剪切、粘贴等操作,还包括向导工具栏和小型连编工具栏如编译、运行等。工作区用于查看应用程序的各个部分,分为类视图、资源视图和文件视图。编辑区是 Visual C++ 6.0 进行编辑活动的区域,如源代码会在编辑区域显示。输出窗格用来显示编辑信息,如警告或错误信息都会在输出窗格中显示。

三、实验内容与步骤

Visual C++ 6.0(以下简称 VC++)编程环境的使用

1.建立源文件夹

首先在 U 盘中或硬盘中建立好文件夹以便存储相关的文件,如在 D 盘中建立文件夹"C 实验例题"来存放实验中的文件。

2.启动 VC++

从"开始"菜单中选择"所有程序",在其下级菜单中选择"Microsoft Visual C++ 6.0",再选择"Microsoft Visual C++ 6.0",即可启动 VC++。

如果在桌面建立了 VC++ 的快捷方式,即可直接双击打开 VC++。

3.创建工程

从"文件"菜单中选择"新建",打开"新建"对话框,在"新建"对话框选择"工程"选项卡,在其左侧列表框中选择"Win32 Console Application",在"位置"文本框中选择目录为"D:\C

实验例题",再在"工程名称"文本框中输入"sy1",则在"位置"文本框中自动出现"sy1",如下图所示,点击"确定"按钮。

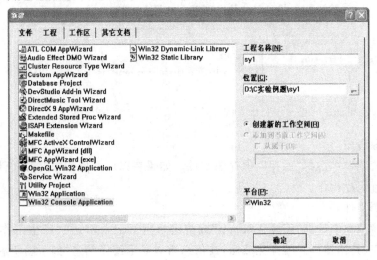

4.新建文件

从"文件"菜单中选择"新建",打开"新建"对话框,在"新建"对话框选择"文件"选项卡,在其左侧列表框中选择"C++ Source File",在"文件名"文本框中输入"1-1",如下图所示,点击"确定"按钮,则新建文件 1-1.cpp。

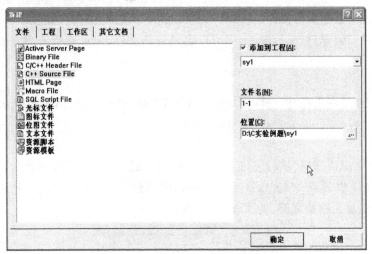

5.编辑源程序

在编辑窗口中输入代码段:

```c
#include<stdio.h>
main()
{
    printf("My first C program! \n");
}
```

如下图所示。

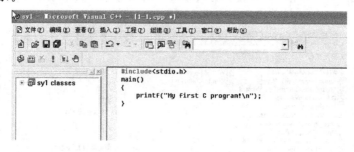

6. 保存源程序

从"文件"菜单中选择"保存",保存源文件。如果在以后的操作中对源文件进行修改,则需要再次执行保存操作。

7. 编译源文件

从"组建"菜单中选择"编译1-1. cpp"或按组合键Ctrl＋F7,在"产生工作区"对话框中单击"是"按钮,开始编译。编译完成后,在信息窗口显示编译信息,如下图所示。

```
--------------------Configuration: sy1 - Win32 Debug--------------------
Compiling...
1-1.cpp
d:\c实验例题\sy1\1-1.cpp(5) : warning C4508: 'main' : function should return a value; 'void' return type assumed

1-1.obj - 0 error(s), 0 warning(s)
```

编译信息显示中,"error(s)"表示错误,"warning(s)"表示警告。显示"0 error(s)"和"0 warning(s)"表示无错误和警告,编译成功,可以进行后续的操作。如显示有错误则需要修改源程序,再进行编译;如显示警告,则可以生成目标文件,但可能会有潜在的问题,同样需要认真对待。

8. 连接

从"组建"菜单中选择"组建[sy1. exe]"或按F7键,开始连接,如果连接成功则在信息窗口中显示"sy1. exe － 0 error(s), 0 warning(s)"。

9. 运行

从"组建"菜单中选择"执行[sy1. exe]"或按组合键Ctrl＋F5,弹出运行结果窗口,如下图所示。在窗口中显示"My first C program!",同时显示提示信息"Press any key to continue",在键盘上按任意键,返回VC＋＋窗口。

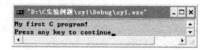

10. 关闭

从"文件"菜单中选择"关闭工作空间",并在出现的"确定要关闭所有文档窗口吗?"对话框中点击"是"按钮,则关闭工程sy1的所有文档。

这样,我们通过一个具体的实例了解了用VC＋＋集成环境开发C语言程序的一般步骤,在以后的实验中我们将进一步熟悉VC＋＋集成开发环境,并逐步掌握C语言程序设计的方法。

四、思考与练习

1. 总结完整的 C 语言程序实现过程。

2. 设计程序显示如下内容，并在 VC++中实现。

```
* * * * * * * * * * * * * * * * * * * * * * * * * * * *
                  C 语言程序设计
* * * * * * * * * * * * * * * * * * * * * * * * * * * *
```

实验二

数据和运算

一、实验目的与要求

1. 了解 C 语言的数据类型,明确常量与变量的概念。
2. 熟悉 C 语言的运算符和运算规则。
3. 掌握表达式的概念,熟练计算各类表达式的值。

二、实验准备知识

C 语言的数据类型包括基本类型、构造类型、指针类型和空类型。其中,基本类型包括整型、字符型和浮点型等;构造类型包括数组类型、枚举类型、结构体和共用体类型。

在程序运行过程中,值不会发生改变的量是常量,值可以改变的量是变量。常量包括整型常量、实型常量等,有一类常量是用标识符来表示的,称为符号常量。变量同样包括整型、实型、字符型等类型,所有的变量都必须先定义再使用。

在 C 语言中,用来进行各种运算的符号称为运算符,也称为操作符。运算符分为基本运算符和专用运算符两大类。其中,基本运算符包括算术运算符(分为基本算术运算符和自增自减运算符)、条件运算符、关系运算符、逻辑运算符、赋值运算符、逗号运算符、长度运算符和位运算符;专用运算符包括强制类型转换运算符、下标运算符、成员运算符和指针运算符。

运算符和运算对象组合成的式子称为表达式,当表达式有意义时,计算出来的结果称为表达式的值。关系表达式和逻辑表达式的值为逻辑真或逻辑假。

三、实验内容与步骤

1. 在 VC++中运行如下程序。

```c
#include<stdio.h>
main()
{
    int i,j;
    i=1;
    j=2;
    printf("%d,%d,%d\n",i++,++j,i+j);
    printf("%d,%d,%d\n",i--,j--,i-j);
}
```

运行结果如下：

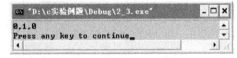

2. 在 VC++中运行如下程序。

```c
#include<stdio.h>
main()
{
    int i,j;
    int m,n,k;
    i=3;
    j=4;
    m=i>j;
    n=i<j;
    k=i>j? i:j;
    printf("%d,%d,%d\n",m,n,k);
}
```

运行结果如下：

```
"D:\c实验例题\Debug\2_2.exe"
0,1,4
Press any key to continue_
```

3. 在 VC++中运行如下程序。

```c
#include<stdio.h>
main()
{
    int i,j,k;
    i=5,j=6,k=0;
    printf("%d,%d,%d\n",i&&j&&k,j||j||k,!!!i);
}
```

运行结果如下：

```
"D:\c实验例题\Debug\2_3.exe"
0,1,0
Press any key to continue_
```

4. 在 VC++中运行如下程序。

```c
#include<stdio.h>
main()
{
    int c1;
    char c2;
    c1=65;
    c2=66;
```

```
    printf("%d,%d\n",c1,c2);
    printf("%c,%c\n",c1,c2);
}
```

运行结果如下：

```
"D:\c实验例题\Debug\2_4.exe"
65,66
A,B
Press any key to continue_
```

5.已知圆的半径，求圆的面积和周长。π使用宏定义。

程序代码如下：

```
#define PI 3.14
#include<stdio.h>
main()
{
    int r;
    float s,c;
    r=3;
    s=PI*r*r;
    c=2*PI*r;
    printf("%f\n%f\n",s,c);
}
```

运行结果如下：

```
"D:\c实验例题\Debug\2_5.exe"
28.260000
18.840000
Press any key to continue_
```

6.华氏温度和摄氏温度的转换。

已知华氏温度和摄氏温度的转换公式为 $C=(5/9)(F-32)$，其中，C 为摄氏温度，F 为华氏温度。若已知华氏温度为 100 华氏度，则其对应的摄氏温度为多少？

程序代码如下：

```
#include<stdio.h>
main()
{
    float C,F;
    F=100;
    C=(5/9)*(F-32);
    printf("%f\n",C);
}
```

运行结果如下：

```
"D:\c实验例题\Debug\2_6.exe"
37.777778
Press any key to continue_
```

四、思考与练习

1.判断下列表达式的值,并用 VC++进行验证。

(1)int a=0,b=1,则表达式 a++>b?++a:b 的值是_____。

(2)int a,则表达式（a=4*5，a*2），a+15 的值是_____。

(3)int x=-1,则表达式++x || ++x || ++x 的值为_____,x 的值为_____。

(4)int x = 10,则表达式 x - = x + 10 的值是_____。

(5)int a = 6，b = 8，c = 4,则表达式 a＜b || c- 的值是_____,运算后 c 的值为_____。

2.已知圆球的半径,求圆球的表面积和体积。π 使用宏定义。

3.已知某学生语文、数学、英语 3 门课的成绩分别为 80 分、85 分、90 分。求该学生 3 门课的总分和平均分。

实验三

输入、输出程序设计

一、实验目的与要求

1.掌握常用的输入、输出函数。

2.掌握顺序结构程序设计的方法。

二、实验准备知识

1.格式输入/输出函数

在 C 语言中,输入、输出操作可以调用相应的库函数来完成。常用的输入、输出函数为格式输入函数 scanf 和格式输出函数 printf。它们都包含在头文件"stdio. h"中,可以在程序开头部分声明" ♯include"stdio. h"" 或" ♯include<stdio. h>"。

(1)格式输出函数 printf

格式:

printf (″格式控制字符串″,输出清单项);

"格式控制字符串"用来控制输出项的格式,包括普通字符、转义字符和格式说明符。普通字符照原样输出。转义字符包括换行、换页、制表符等。格式说明符包括%d、%f、%c等,分别控制不同类型数据的输出。如%d 为整型输出,%c 为字符型输出。也可以在%后添加数字进一步控制输出格式,如%4d、%7. 2f 等。

(2)格式输入函数 scanf

格式:

scanf (″格式控制字符串″,地址列表);

"格式控制字符串"包括格式转换说明符和分隔符,如%d 输入整型数,%o 输入八进制数,%x 输入十六进制数,%e 输入浮点数。如果几个格式控制符之间用逗号隔开,则在输入数据时,也要用逗号隔开。如果在%后添加数字,如%4d,则表示只接收 4 个字符。但是输入精度不能控制。地址列表由若干个地址组成,地址为"&"符加变量名构成,多个地址间用逗号隔开。

2.单字符输入/输出函数

单字符输入/输出函数可以完成一个字符的输入或输出操作。单字符输出函数 putchar 和单字符输入函数 getchar 包含在头文件"stdio. h"中,在程序开始处需要声明。getche 和 getch 也可以完成单字符的输入,它们包含在头文件"conio. h"中。

（1）单字符输出函数 putchar

格式：

putchar(c);

参数 c 可以是字符常量或变量，可以是不大于 255 的整型常量或变量，也可以是转义字符。

（2）单字符输入函数 getchar

格式：

getchar();

没有参数，输入后按回车键接收。

单字符输入函数 getche 和 getch 输入后不需要按回车键接收，getch 不回显输入字符。

3．顺序结构程序设计

C 语言是一种面向过程的语言，采用结构化程序设计的方法，分为顺序、选择、循环三种基本结构。其中顺序结构最简单，按照语句书写的顺序来执行，在整个程序中没有条件判断和转折。

三、实验内容与步骤

1．输入一个整数，分别输出它的八进制、十进制和十六进制形式。

程序代码如下：

```
#include<stdio.h>
main()
{
    int x;
    scanf("%d",&x);
    printf("%o\t%d\t%x\n",x,x,x);
}
```

运行程序，输入"25<回车>"，运行结果如下：

2．单字符的输入和输出。

程序代码如下：

```
#include<stdio.h>
main()
{
    char ch1;
    ch1=getchar();
    putchar(ch1);
    printf("\n%d,%c\n",ch1,ch1);
}
```

运行程序，输入"m<回车>"，运行结果如下：

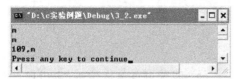

3. 从键盘输入一个数,求它的平方和平方根,并输出。

程序代码如下:

```c
#include<stdio.h>
#include<math.h>
main()
{
    float x;
    float m,n;
    scanf("%f",&x);
    m=x*x;
    n=sqrt(x);
    printf("%.2f的平方为:%8.2f\n%5.2f的平方根为:%8.2f\n",x,m,x,n);
}
```

运行程序,输入“56<回车>”,运行结果如下:

4. 输入一个两位数,分别输出其个位数字和十位数字。

程序代码如下:

```c
#include<stdio.h>
main()
{
    int x,i,j;
    scanf("%2d",&x);
    i=x%10;
    j=x/10;
    printf("%d的个位数字是%d\n%d的十位数字是%d",x,i,x,j);
}
```

运行程序,输入“56<回车>”,运行结果如下:

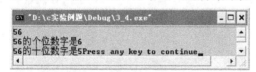

5. 华氏温度和摄氏温度的转换。

在实验一中,我们已经知道华氏温度和摄氏温度的转换公式为 $C=(5/9)(F-32)$,其中,C 为摄氏温度,F 为华氏温度。现在我们对原来的程序进行修改,将华氏温度作为输入,输出其对应的摄氏温度。

程序代码如下：

```
#include<stdio.h>
main()
{
    float C,F;
    printf("请输入华氏温度值：");
    scanf("%f",&F);
    C=(5.0/9)*(F-32);
    printf("华氏温度%.1f华氏度转换为摄氏温度为%.1f摄氏度\n",F,C);
}
```

运行程序输入"80<回车>"，运行结果如下：

四、思考与练习

1.分析如下程序的功能。

```
#include<stdio.h>
main()
{
    int m,n,k;
    scanf("%d,%d",&m,&n);
    k=m>n? m:n;
    printf("%d\n",k);
}
```

2.将圆球的半径作为输入，求其表面积和体积并输出。

3.输入一个学生 3 门课的成绩，求其总分和平均分并输出。

实验四

if 语句

一、实验目的与要求

1. 熟悉 if 语句的三种结构。
2. 掌握三种结构 if 语句的使用。
3. 掌握 if 语句的嵌套使用。

二、实验准备知识

在结构化程序设计中,if 语句主要用来实现选择结构程序设计,包括单分支结构、双分支结构、多分支结构和嵌套 if 结构。

1. 单分支结构

格式:

if(表达式)

    语句;

表达式通常为关系表达式或逻辑表达式,表达式的值为真或假。如果表达式的值为真则执行语句,否则不执行。例如已定义变量 x 并赋值,则可用如下语句段表示:

if(x>0)

    printf("%d",x);   /* 如果 x 的值大于 0 为真,则输出 x */

如果当表达式成立时有多个语句要执行,则可以把所有要执行的语句放在一对大括号中,构成复合语句。

2. 双分支结构

格式:

if(表达式)

    语句 1;

else

    语句 2;

当表达式的值为真时,执行语句 1;当表达式的值为假时,执行语句 2。if 和 else 成对出现,语句 1 和语句 2 也可以是复合语句,但语句 1 和语句 2 只能有一个语句被执行。

3. 多分支结构

格式:

if(表达式 1)

    语句 1;

```
else if(表达式 2)
    语句 2；
else
    语句 3；
```

多分支结构中,同样是通过判断表达式的值决定哪个语句被执行。else 和最近的 if 相配对,else if 语句可以多次出现。

4.嵌套 if 结构

```
if(表达式 1)
    if(表达式 2)
        语句 1；
    else
        语句 2；
else
        语句 3；
```

在嵌套的 if 结构中,先判断外层表达式的值,再判断内层表达式的值,然后执行语句。也可以在内层 if 语句中再调用 if…else 语句构成多层嵌套结构。

三、实验内容与步骤

1.输入 x,如果 x 为正数,输出其平方根 y。

程序代码如下：

```
#include<stdio.h>
#include<math.h>
main()
{
    float x,y;
    scanf("%f",&x);
    if(x>0)
        y=sqrt(x);
    printf("%.1f\n",y);
}
```

运行程序,输入"256<回车>",运行结果如下：

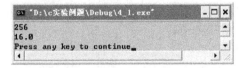

2.输入出租车里程 S,输出应付车费 F。

S 和 F 的关系如下：

$$F=\begin{cases} 8, & S\leqslant 3 \\ 8+(S-3)*2, & S>3 \end{cases}$$

程序代码如下：

```
#include<stdio.h>
main()
```

```
{
    float S,F;
    printf("请输入里程数:");
    scanf("%f",&S);
    if(S<=3)
        F=8;
    else
        F=8+(S-3)*2;
    printf("应付车费为:%.f\n",F);
}
```

运行程序,输入"5<回车>",运行结果如下:

3. 输入一个学生 3 门课的成绩,计算其平均分,并输出其平均分和总评。

如果平均分在 85 分或 85 分以上,总评为"优秀";如果平均分在 60～85 分范围内(含 60 分),总评为"合格";如果平均分为 60 分以下,总评为"不合格"。

程序代码如下:

```
#include<stdio.h>
main()
{
    int i,j,k;
    int ave;
    scanf("%d,%d,%d",&i,&j,&k);
    ave=(i+j+k)/3;
    if(ave>=85)
        printf("平均成绩是%d 分,优秀\n",ave);
    else if(ave>=60)
        printf("平均成绩是%d 分,合格\n",ave);
    else
        printf("平均成绩是%d 分,不合格\n",ave);
}
```

运行程序,输入"80,90,100<回车>",运行结果如下:

4. 输入一个数,如果是三位数,判断其是否为水仙花数,否则显示"请重新输入"。

水仙花数的条件是:一个三位数,其各位数字的立方和等于该数本身。如:$153=1^3+5^3+3^3$,所以 153 是一个水仙花数。

程序代码如下:

```
#include<stdio.h>
```

```
main()
{
    int x;
    int i,j,k;
    printf("请输入一个数：");
    scanf("%d",&x);
    if(x>=100&&x<=999)
    {
        i=x%10;
        j=x/10%10;
        k=x/100;
        if(x==i*i*i+j*j*j+k*k*k)
            printf("%d 是水仙花数\n",x);
        else
            printf("%d 不是水仙花数\n",x);
    }
    else
        printf("请重新输入\n");
}
```

运行程序，输入"153<回车>"，运行结果如下：

四、思考与练习

1.分析如下程序的结果。

```
#include<stdio.h>
main()
{
    int a,b,c,d;
    int y;
    a=1,b=2,c=3,d=4;
    if(a<b)
    {
        if(c==d) y=0;
        else y=1;
    }
    printf("%d\n",y);
}
```

2.分析如下程序的结果。

```
#include<stdio.h>
main()
```

```
{
    int a,b,c;
    a=1,b=2,c=3;
    if(c==a)
        printf("%d\n",c);
    else
        printf("%d\n",b);
}
```

3.如下程序的功能为判断输入数字的奇偶。请在空白处填入适当的语句。

```
#include<stdio.h>
main()
{
    int x;
    scanf("%d",_____);
    if(_____)
        printf("这个数是偶数\n");
    else
        printf("这个数是奇数\n");
}
```

4.输入三角形的三边长,首先判断三角形是否成立(三角形成立的条件为任意两边的边长之和大于第三边),如成立,计算该三角形面积。请在空白处填入适当的语句。

```
#include<stdio.h>
#include<math.h>
main()
{
    int a,b,c;
    float i,area;
    scanf("%d,%d,%d",&a,&b,&c);
    if(_____)
    {
        printf("a、b、c构成三角形\n");
        i=1.0*(a+b+c)/2;
        area=sqrt(_____);
        printf("三角形面积为%.1f\n",area);
    }
    else
        printf("a、b、c不构成三角形\n");
}
```

5.编程实现求分段函数的值,x为输入,y为输出。

$$y=\begin{cases} x, & x\leqslant 1 \\ 2x-1, & 1<x<10 \\ 3x-11, & x\geqslant 10 \end{cases}$$

实验五

多分支 switch 语句

一、实验目的与要求

1. 掌握多分支 switch 语句的格式。
2. 掌握多分支 switch 语句的使用。

二、实验准备知识

格式：
switch(表达式)
{
　　case　常量表达式 1：语句组 1；　break；
　　case　常量表达式 2：语句组 2；　break；
　　…
　　case　常量表达式 n：语句组 n；　break；
　　default：语句组 n+1；　　　　　break；
}

switch 语句一般用在多分支结构中，case 后面的常量表达式的取值对应着执行的语句组，多个常量表达式可以执行同样的语句组。每个语句组执行完后需要用 break 语句来跳出，如果没有 break 语句则继续执行。

三、实验内容与步骤

1. 分析如下程序中 switch 语句的执行过程，并在 VC++ 中运行。

```c
#include<stdio. h>
main()
{
    float x=1. 5；
    int a=1,b=3,c=2；
    switch(a+b)
    {
        case 1：printf("*\n")；break；
        case 2+1：printf("*  *\n")；break；
        default：printf("no\n")；break；
    }
}
```

运行结果如下：

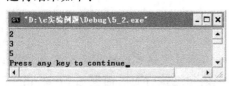

2. 在 VC++中运行如下程序。

```c
#include<stdio.h>
main()
{
    int k=5,n=0;
    do{
        switch(k)
        {
            case 1：
            case 3：n+=1;k——;break;
            default：n=0;k——;
            case 2：
            case 4：n+=2;k——;break;
        }
        printf("%d\n",n);
    }while(k>0&&n<5);
}
```

运行结果如下：

3. 分析如下程序中 switch 语句的执行过程，并在 VC++中运行。

```c
#include<stdio.h>
main()
{
    int a=2,b=7,c=5;
    switch(a>0)
    {
        case 1：switch(b<0)
        {
            case 1：printf("@");break;
            case 2：printf("!");break;
            case 0：switch(c==5)
            {
                case 0：printf(" * ");break;
                case 1：printf("#");break;
                case 2：printf("MYM");break;
```

```
        }
        default:printf("&");
        }
        printf("\n");
    }
}
```

运行结果如下：

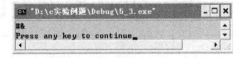

四、思考与练习

1. 分析如下程序的运行结果。

```
main()
{
    int x=1,a=3,b=4;
    switch(x)
    {
        case 0:a——;
        case 1:b——;
        case 2:a——;b——;
    }
    printf("a=%d,b=%d\n",a,b);
}
```

2. 某商场给顾客购物的折扣率如下：

购物金额＜300 元	不打折
300 元≤购物金额＜500 元	9 折
500 元≤购物金额＜800 元	7 折
800 元≤购物金额	5 折

编程实现：输入一个金额，输出折扣率和实际支付金额。

3. 用 switch 语句实现：输入一个学生的成绩，输出其等级。

等级分类如下：

成绩大于或等于 85 分为 A；

成绩大于或等于 75 分为 B；

成绩大于或等于 60 分为 C；

成绩小于 60 分为 D。

实验六

while 循环程序设计

一、实验目的与要求

1. 掌握 while 循环结构。
2. 掌握 do…while 循环结构。
3. 掌握 break 和 continue 语句的使用。

二、实验准备知识

1. while 循环结构

格式：

while(表达式)

  语句；

表达式一般为逻辑表达式或关系表达式,语句被称为循环体。执行过程为首先判断表达式的值:如果表达式的值为真,则执行语句;如果表达式的值为假,则不执行语句。所以while 循环结构可能一次也不执行。如果循环体为多条语句,则要将多条语句放在一对大括号中,格式如下：

while(表达式)

{

  语句序列；

}

循环结构中必须有使循环结束的条件,否则称为死循环。

2. do…while 循环结构

格式：

do{

  语句序列；

} while(表达式)

do…while 语句的执行顺序为首先执行循环体,然后再判断表达式的值。如果值为真则继续执行循环体,直到表达式为假,循环结束。do…while 循环至少会执行一次循环体。

3. break 语句和 continue 语句

break 语句的格式：

break；

continue 语句的格式：

continue；

　　break 语句和 continue 语句一般不单独使用，而是放在选择结构或循环结构中和其他语句配合使用。如 break 语句可以用在 switch 结构中跳出某一分支，或用在 while 语句中跳出某次循环。continue 语句也可以跳出某次循环，但是在跳出本次循环后，会直接进入下一次循环条件的判断。

三、实验内容与步骤

　　1. 输出 1～100 范围内的所有奇数。

用 while 语句实现：

```
#include<stdio.h>
main()
{
    int i=1;
    while(i<=100)
    {
        printf("%4d",i);
        i+=2;
    }
    printf("\n");
}
```

用 do…while 语句实现：

```
#include<stdio.h>
main()
{
    int i=1;
    do{
        printf("%4d",i);
        i+=2;
    } while(i<=100)
    printf("\n");
}
```

　　以上两段程序的功能相同，均是用循环语句实现求 100 以内的所有奇数和。所以其执行结果是相同的，运行结果如下：

　　2. 输入两个数，求其最大公约数。

程序代码如下：

```
#include<stdio.h>
```

```
main()
{
    int m,n,k,result1;
    scanf("%d,%d",&m,&n);
    do{
        k=m%n;
        if(k==0)
            result1=n;
        else{
            m=n;
            n=k;
        }
    }while(k>0);
    printf("最大公约数为：%d\n",result1);
}
```

运行程序后，输入"30,45<回车>"，运行结果如下：

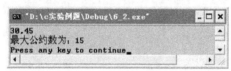

3.输入一行字符，分别统计出其中英文字母、数字和其他字符的个数。

程序代码如下：

```
#include<stdio.h>
main()
{
    char c;
    int letter=0,digit=0,other=0;
    printf("请输入一行字符：\n");
    while((c=getchar()) !='\n')
    {
        if(c>='a'&&c<='z'||c>='A'&&c<='Z')
            letter++;
        else if(c>='0'&&c<='9')
            digit++;
        else
            other++;
    }
    printf("letter=%d,digit=%d,other=%d\n",letter,digit,other);
}
```

运行程序，输入"1. Let's study C language！<回车>"，运行结果如下：

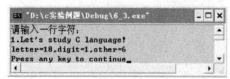

4.输入一个正整数,并按逆序输出。

程序代码如下:

```c
#include<stdio.h>
main()
{
    int n,s;
    printf("请输入一个正整数:\n");
    scanf("%d",&n);
    printf("逆序输出为:");
    do{
        s=n%10;
        printf("%d",s);
        n=n/10;
    }while(n!=0);
    printf("\n");
}
```

运行程序,输入"123<回车>",运行结果如下:

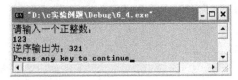

四、思考与练习

1.总结 break 语句和 continue 语句的区别。

2.分析如下程序中循环体的执行过程,并写出程序运行结果。

```c
#include<stdio.h>
main()
{
    int y=10;
    while(y--)
        printf("y=%d\n",y);
}
```

3.分析如下程序中循环体的执行过程,并写出程序运行结果。

```c
main()
{
    int k=5;
    while(--k) printf("%d",k-=3);
    printf("\n");
}
```

4.分析如下程序中循环体的执行过程。运行时如果输入"18,11<回车>",则程序运行结果是什么？

```
main()
{
    int a,b;
    printf("输入 a 和 b:");
    scanf("%d,%d",&a,&b);
    while(a!=b)
    {
        while(a>b) a-=b;
        while(b>a) b-=a;
    }
    printf("%3d%3d\n",a,b);
}
```

5.猴子吃桃问题:猴子第一天摘下若干个桃子,吃了一半还多一个,第二天又将剩下的桃子吃了一半还多一个。以后每天都将前一天吃剩下的桃子吃了一半多一个,第十天只剩下一个桃子。问猴子第一天摘了多少个桃子。编程实现。

实验七

for 循环程序设计

一、实验目的与要求

1. 熟练掌握 for 循环结构。
2. 掌握嵌套循环结构。

二、实验准备知识

格式：

for(表达式1;表达式2;表达式3)

{

    语句序列；

}

在 for 循环结构中表达式1一般为赋值表达式,给循环增量一个初始值;表达式2为条件表达式,通过循环增量的值判断循环是否结束;表达式3一般为自增自减运算,使循环增量的值发生变化。大括号中的语句序列为循环体,如果循环体只有一个语句,则大括号可以省略。

执行过程为：先给循环增量赋初值,然后判断表达式2的值,如果值为真,则继续执行表达式3,并执行一次循环体,否则循环结束。

如果循环体中又含有另一个完整的循环结构,则称为循环的嵌套,对于嵌套的循环结构,外层循环执行一次,内层循环执行一轮。

三、实验内容与步骤

1. 打印"九九乘法表"。

程序代码如下：

```
main()
{
    int i,j;
    for(i=1;i<=9;i++)
    {
        for(j=1;j<=i;j++)
            printf("%2d * %d=%2d",i,j,i*j);
        printf("\n");
    }
}
```

运行结果如下：

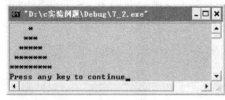

2.打印如下所示的星花三角形图案。

```
        *
      * * *
    * * * * *
  * * * * * * *
* * * * * * * * *
```

程序代码如下：

```c
#define N 5
main()
{
    int i,j,k;
    for(i=1;i<=N;i++)
    {
        for(j=1;j<=N-i;j++)   printf("  ");
        for(k=1;k<=2*i-1;k++)   printf("*");
        printf("\n");
    }
}
```

运行结果如下：

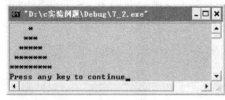

3.编程求 1!＋2!＋3!＋…＋n!，n 为输入值且 3≤n≤20。

程序代码如下：

```c
main()
{
    int i,n;
    float p=1,sum=0;
    printf("输入一个 3～20 整数:");
    scanf("%d",&n);
    for(i=1;i<=n;i++)
    {
```

```
            p=p*i;
            sum+=p;
        }
        printf("%.f\n",sum);
}
```

运行程序,输入"6<回车>",运行结果如下:

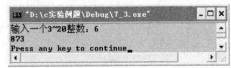

4.有一数列:2/1,3/2,5/3,8/5,…。求出这个数列的前 10 项之和。

程序代码如下:

```
main()
{
    int a=2,b=1,n,temp;
    float s=a/b;
    for(n=1;n<10;n++)
    {
        temp=a;
        a=a+b;
        b=temp;
        s+=1.0*a/b;
    }
    printf("%d,%d,%f\n",a,b,s);
}
```

运行结果如下:

四、思考与练习

1.如下程序的功能是计算:s=1+12+123+1234+12345。请在空白处填入适当的
语句。

```
main()
{
    int t=0,s=0,i;
    for(i=1;i<=5;i++)
    {
        t=i+_____;
        s=s+t;
    }
    printf("s=%d\n",s);
}
```

2.下面程序的功能是输出如下所示方阵。请在程序空白处填空。

```
13 14 15 16
9  10 11 12
5  6  7  8
1  2  3  4
main()
{
    int i,j,x;
    for(j=4;_____;j——)
    {
        for(i=1;i<=4;i++)
        {
            x=(j—1)*4+i;
            printf("%4d",x);
        }
        printf("\n");
    }
}
```

3.分析如下程序的执行过程,并写出运行结果。

```
main()
{
    int i,j,x=0;
    for(i=0;i<2;i++)
    {
        x++;
        for(j=0;j<=3;j++)
        {
            if(j%2) continue;
            x++;
        }
        x++;
    }
    printf("x=%d\n",x);
}
```

4.求出 10～100 范围内能同时被 2、3、7 整除的数,并输出。

5.计算 2～150 范围内的全部同构数之和。同构数是指一个数,它出现在它的平方数的右端,如 6 的平方是 36,6 出现在 36 的右端,所以 6 是一个同构数。

6.打印如下图形:

```
1
23
456
7890
```

7.输出 0～100 范围内(不含 100)能被 3 整除且个位数为 6 的所有整数。

实验八

数组(一)

一、实验目的与要求

1.掌握一维数组的定义、初始化与引用。
2.掌握二维数组的定义、初始化与引用。

二、实验准备知识

1.一维数组的定义、初始化与引用

(1)一维数组的定义

格式：

类型说明符 数组名[数组长度]；

如：

int a[5]；

定义了一个数组名为 a 的一维数组,该数组有 5 个元素,分别为 a[0]、a[1]、a[2]、a[3]、a[4],下标值为 0~4。

(2)一维数组的初始化

在定义数组的同时对数组赋值,称为数组的初始化。可以对数组元素全部赋值,也可以部分赋值。

如：

int a[5]={1,2,3,4,5}；

float b[10]={1.0,2.5}；

如果只对数组的部分元素赋值,则未赋值的元素全部默认为 0。如果对数组的全部元素都赋了值,则数组元素的个数可以省略。

(3)一维数组的引用

数组元素需要通过下标进行引用,如：

printf("%d",a[0])；

2.二维数组的定义、初始化与引用

(1)二维数组的定义

格式：

类型说明符 数组名[行数][列数]；

如：

int m[3][4]；

定义了一个数组名为 m 的二维数组,该数组有 3 行 4 列,共 12 个元素。

（2）二维数组的初始化

二维数组的初始化可以分行进行,也可以不分行进行。

如：

int sm[2][3]＝{1,2,3,4,5,6};

int n[3][3]＝{{1,2,3},{4,5,6},{7}};

未赋值的元素默认为 0。如果对全部数组元素赋值,则可以省略行数。

如：

int m[][3]＝{1,2,3,4,5,6};

定义了一个数组名为 m 的二维数组,该数组有 2 行 3 列,共 6 个元素。

（3）二维数组的引用

对二维数组的引用同样使用下标引用法。

如：

x＝m[1][0]＋i;

表示二维数组元素 m[1][0]参与算术运算。

三、实验内容与步骤

1.将一个数组逆序输出。例如:原来顺序为 1,2,3,4,5,逆序为 5,4,3,2,1。

逆序可以通过将第一个元素和最后一个元素互换,第二个元素和倒数第二个元素互换,依次类推,一直互换到中间元素。

程序代码如下：

```c
#include<string.h>
main()
{
    int a[100],i,temp,n;
    printf("请输入数组元素个数:");
    scanf("%d",&n);
    printf("请输入数组元素:");
    for(i=0;i<n;i++)
        scanf("%d",&a[i]);
    for(i=0;i<=n/2;i++)
    {
        temp=a[i];
        a[i]=a[n-1-i];
        a[n-1-i]=temp;
    }
    printf("逆序后数组为:");
    for(i=0;i<n;i++)
        printf("%4d",a[i]);
    printf("\n");
}
```

运行程序，先输入"5<回车>"，再输入"1 2 3 4 5<回车>"，运行结果如下：

2.用数组来处理 Fibonacci 数列问题。

Fibonacci 数列的第一个数和第二个数都为1，从第三个数开始，每一个数为其前两个数之和。假设输出 20 个数，每行输出 5 个数。

程序代码如下：

```c
#include<stdio.h>
main()
{
    int i;
    int f[20]={1,1};
    for(i=2;i<20;i++)
        f[i]=f[i-2]+f[i-1];
    for(i=0;i<20;i++)
    {
        if(i%5==0)printf("\n");
        printf("%12d",f[i]);
    }
    printf("\n");
}
```

运行结果如下：

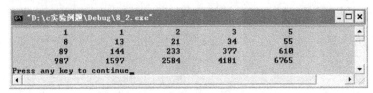

3.输入一个一维数组，输出该数组的最大值、最小值和平均值，并给出最大值和最小值的下标。

程序代码如下：

```c
#include<stdio.h>
main()
{
    int a[10];
    int i,max,min;
    int maxi=0,mini=0;                        /* maxi 和 mini 为下标值 */
    float ave;
    printf("请输入数组元素:");
    for(i=0;i<10;i++)
        scanf("%d",&a[i]);
```

```
    max=min=ave=a[0];
    for(i=1;i<10;i++)
    {
        if(max<a[i])
        {
            max=a[i];  maxi=i;
        }
        if(min>a[i])
        {
            min=a[i];  mini=i;
        }
        ave=ave+a[i];
    }
    printf("最大值为%d,下标为%d\n",max,maxi);
    printf("最小值为%d,下标为%d\n",min,mini);
    printf("平均值为%.1f\n",ave/10);
}
```

运行程序,输入 10 个数组元素后回车,运行结果如下:

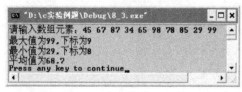

4.输出如下所示杨辉三角形。

```
1
1  1
1  2  1
1  3  3  1
1  4  6  4  1
1  5  10  10  5  1
...
```

杨辉三角形的每行第一个元素和最后一个元素都是 1。从第三行开始,除第一个元素和最后一个元素之外,其余的元素是当前元素的前一行的同列元素与前一行的前一列元素之和。假设输出 10 行,程序代码如下:

```
#include<stdio.h>
main()
{
    int a[10][10];
    int i,j;
    for(i=1;i<=10;i++)
    {
        a[i][1]=1;
```

```
            a[i][i]=1;
        }
    for(i=3;i<=10;i++)
    {
        for(j=2;j<i;j++)
            a[i][j]=a[i-1][j-1]+a[i-1][j];
    }
    for(i=1;i<=10;i++)
    {
        for(j=1;j<=i;j++)
            printf("%3d",a[i][j]);
        printf("\n");
    }
}
```

运行结果如下：

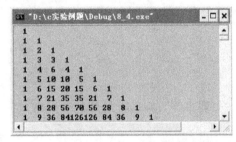

5.求一个3行3列的二维数组的主对角线和副对角线元素之和。数组元素由键盘输入。

程序代码如下：

```
#include<stdio.h>
main()
{
    int a[3][3];
    int i,j;
    int sum=0;
    printf("请输入数组元素:");
    for(i=0;i<3;i++)
    {
        for(j=0;j<3;j++)
            scanf("%d",&a[i][j]);
    }
    for(i=0;i<3;i++)
        for(j=0;j<3;j++)
        {
            if(i==j)
```

```
                sum+=a[i][j];
            if(i+j==2)
                sum+=a[i][j];
        }
    printf("主副对角线元素之和为：%d\n",sum);
}
```

运行结果如下：

四、思考与练习

1. 分析如下程序的运行结果。

```
main()
{
    int i,t[][3]={9,8,7,6,5,4,3,2,1};
    for(i=0;i<3;i++)
        printf("%2d\n",t[2-i][i]);
}
```

2. 分析如下程序的功能,如运行时输入"2 4 6<回车>",则运行结果是什么？

```
main()
{
    int x[3][2]={0},i;
    for(i=0;i<3;i++)
        scanf("%d",x[i]);
    printf("%3d%3d%3d\n",x[0][0],x[0][1],x[1][0]);
}
```

3. 如下程序的功能是：求出数组 x 中各相邻两个元素的和,依次存放到 a 数组中,然后输出。请在空白处填入适当的语句。

```
main()
{
    int x[10],a[9],i;
    for(i=0;i<10;i++)
        scanf("%d",&x[i]);
    for(_____;i<10;i++)
        a[i-1]=x[i]+_____;
    for(i=0;i<9;i++)
        printf("%3d",a[i]);
    printf("\n");
}
```

4.输出如下所示的数组右上半三角。

```
1  2  3  4
   6  7  8
     11 12
        16
```

5.输出如下所示的二维数组。

```
1  0  0  0  1
0  1  0  1  0
0  0  1  0  0
0  1  0  1  0
1  0  0  0  1
```

实验九

数组(二)

一、实验目的与要求

1. 掌握字符数组的定义、初始化及引用。
2. 掌握字符数组与字符串的关系。
3. 熟练使用常用的字符串处理函数。

二、实验准备知识

1. 字符数组

定义数组时如果类型说明符为 char,则称定义的数组为字符数组。

如:

char c1={'C','p','r','o','g','r','a','m'};

定义了字符数组 c1,并对其赋值。

又如:

char c2[3][3];

定义了二维字符数组 c2,可以存放 3 行 3 列共 9 个字符元素。

如果数组元素没有被赋值,则默认为空字符"\0"。

2. 字符串

因为 C 语言没有专门的字符串变量,所以可以用字符数组来存放字符串。

如:

char c3[]={"study"};

或直接定义为:

char c3[]="study";

将字符串"study"赋予了字符数组 c3。因为字符串有一个结束标志"\0",所以字符数组 c3 的长度为 6。

三、实验内容与步骤

1. 编写和输出两个字符串,将第二个字符串连接在第一个字符串的后面,构成一个字符串。不能调用 strcat 函数。

程序代码如下:

```
#include<string.h>
main()
```

```
{
    char str1[50],str2[20];
    int m,n,i;
    gets(str1);
    gets(str2);
    m=strlen(str1);
    n=strlen(str2);
    for(i=m;i<m+n;i++)
        str1[i]=str2[i-m];
    for(i=0;i<m+n;i++)
        printf("%c",str1[i]);              /* 显示连接后的字符串 */
    printf("\n");
}
```

运行程序，输入"Let's study<回车> C language<回车>"，运行结果如下：

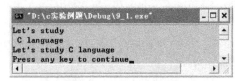

2.已知字符串 char s[50]="Iamstudent."，编写程序将字符"a"插入到"student"之前，使运行结果为"Iamastudent."。

程序代码如下：

```
#include<stdio.h>
#include<string.h>
main()
{
    char s[50]="Iamstudent.";
    int i,j;
    for(i=0;s[i]!='\0';i++)
    {
        if(s[i]=='m')
        {
            for(j=strlen(s);j>i+1;j--)
            {
                s[j]=s[j-1];
                s[j]='a';
            }
        }
    }
    printf("%s\n",s);
}
```

运行结果如下：

```
GV "D:\c实验例题\Debug\9_2.exe"              - □ ×
Iamastudent.
Press any key to continue_
◄                                          ►
```

3. 输出如下图形：

```
* * * * *
  * * * * *
    * * * * *
      * * * * *
        * * * * *
```

程序代码如下：

```c
#include<stdio.h>
main()
{
    char a[5]={'*','*','*','*','*'};
    int i,j,k;
    char space=' ';
    for(i=0;i<5;i++)
    {
        printf("\n");
        for(j=1;j<=i;j++)
            printf("%c",space);
        for(k=0;k<5;k++)
            printf("%c",a[k]);
    }
    printf("\n");
}
```

运行结果如下：

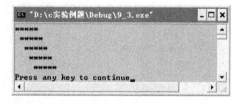

```
GV "D:\c实验例题\Debug\9_3.exe"              - □ ×
*****
 *****
  *****
   *****
    *****
Press any key to continue_
◄                                          ►
```

四、思考与练习

1. 分析如下程序的运行结果。

```c
#include<string.h>
main()
{
    char p[]={'a','b','c'};
    char q[]="abc";
```

```
        printf("%d %d\n",sizeof(p),sizeof(q));
}
```

2. 分析如下程序的运行结果。

```
#include<string.h>
main()
{
        char st[20]="2008\0\t\\";
        printf("%d,%d\n",strlen(st),sizeof(st));
}
```

3. 分析如下程序的功能。

```
#include<string.h>
main()
{
        char p[20]={'a','b','c','d'};
        char q[]="abc";
        char r[]="abcde";
        strcat(p,r);
        strcpy(p+strlen(q),q);
        printf("%d\n",strlen(p));
}
```

4. 分析如下程序的运行结果。

```
#include<string.h>
main()
{
        char ch[]="abc",x[3][4];
        int i;
        for(i=0;i<3;i++)
                strcpy(x[i],ch);
        for(i=0;i<3;i++)
        {
                printf("%s",&x[i]);
                printf("\n");
        }
}
```

5. 输入三个字符串，比较其大小并输出其中最小者。

实验十

函　数

一、实验目的与要求

1. 掌握函数的定义和调用。
2. 掌握函数间参数传递的方式。
3. 掌握函数的嵌套调用与递归调用。

二、实验准备知识

1. 函数的定义

C 语言是由函数构成的。函数的一般结构为：

［函数类型］函数名（［参数类型 1 参数名 1］［,…,参数类型 n,参数名 n］）

｛

　　　函数体；

｝

函数类型为可选项,默认为 int 型。若函数无返回值,可定义为 void 型。参数也是可选项,如果有参数,则称为有参函数,否则称为无参函数。函数体包括声明部分和执行部分。声明部分用来说明函数中的变量定义或对其他函数的调用。执行部分为实际的执行语句。

一个 C 语言程序中可以包含若干个函数,但 main 函数只有一个,且所有程序都是从 main 函数开始执行的。

2. 函数调用

在一个函数中使用另一个已定义好的函数,称为函数的调用。

如：

main()

｛

　　…

　　A();

　　…

｝

int A()

｛…｝

称为在主函数 main 中调用了子函数 A。

函数的调用可采用表达式方式、参数方式或语句方式来完成。

3.函数的参数传递

函数的参数传递分为值传递和地址传递。值传递是指主函数把实参的值传递给被调函数对应的形参。地址传递是指主函数把实参的地址传递给被调函数的形参。不管采用哪种传递方式,实参的类型和顺序都要和形参一一对应,并且只能把实参的值传递给形参,不能把形参的值传递给实参。

4.函数的嵌套调用与递归调用

在被调函数的内部又调用了其他函数,称为函数的嵌套调用。

如：

```
main()
{
    …
    A();
    …
}
A()
{
    …
    B();
    …
}
```

如果一个函数调用了该函数自身,则称为函数的递归调用。递归调用是嵌套调用的特殊形式。函数不能嵌套定义,但是可以嵌套调用。

三、实验内容与步骤

1.在如下程序中,子函数 f1 的功能为求两个数中的最大值,子函数 f2 的功能为求两个数中的最小值。在主函数中嵌套调用子函数 f1 和子函数 f2。

```
#include<stdio.h>
int f1(int x,int y)
{
    return x>y? x:y;
}
int f2(int x,int y)
{
    return x<y? x:y;
}
main()
{
    int a=1,b=2,c=3,d=4;
    int e,f,g;
    e=f2(f1(a,b),f1(c,d));
    f=f1(f2(a,b),f2(c,d));
    g=a+b+c+d-e-f;
    printf("%d\n",g);
}
```

运行结果如下：

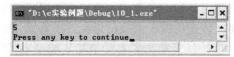

2. 在实验六中我们编程求得两个数的最大公约数。现在我们分别用两个子函数来求两个正整数的最大公约数和最小公倍数，并用主函数调用这两个函数。

程序代码如下，其中子函数 f1 用来求得最大公约数，子函数 f2 用来求得最小公倍数：

```c
#include<stdio.h>
int f1(m,n)
{
    int k,result1;
    do{
        k=m%n;
        if(k==0) result1=n;
        else{
            m=n;
            n=k;
        }
    }while(k>0);
    return result1;
}
int f2(m,n)
{
    int result2;
    result2=m*n/f1(m,n);
    return result2;
}
main()
{
    int x,y;
    scanf("%d,%d",&x,&y);
    printf("最大公约数为：%d\n",f1(x,y));
    printf("最小公倍数为：%d\n",f2(x,y));
}
```

运行程序，输入"15,12<回车>"，运行结果如下：

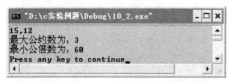

3. 从键盘输入一个正整数，用递归函数计算其阶乘。

程序代码如下：

```c
#include<stdio.h>
```

```
long f(int x)
{
    if(x==0)
        return 1;
    else
        return(x*f(x−1));
}
main()
{
    int a;
    long fac;
    scanf("%d",&a);
    fac=f(a);
    printf("%d 的阶乘是%ld.\n",a,fac);
}
```

运行程序,输入"5<回车>",运行结果如下:

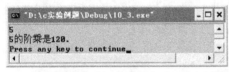

4. 在如下程序中,子函数 sdele 的功能为删除字符串中的某个特定字符。

```
#include<stdio.h>
char s[]="this,is,string";
main()
{
    char c=',';
    printf("%s\n",s);
    sdele(s,c);
    printf("%s\n",s);
}
sdele(char s[],char c)
{
    int i,j;
    for(i=j=0;s[i]!='\0';++i)
        if(s[i]!=c)
            s[j++]=s[i];
        s[j]='\0';
}
```

运行结果如下:

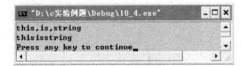

5.在如下程序中,子函数 f 的功能是:当 flag 为 1 时,进行由小到大排序;当 flag 为 0 时,进行由大到小排序。主函数调用子函数 f 的功能是对数组部分元素重新进行排序。

```c
#include<stdio.h>
void f(int b[],int n,int flag)
{
    int i,j,t;
    for(i=0;i<n-1;i++)
        for(j=i+1;j<n;j++)
            if(flag? b[i]>b[j];b[i]<b[j])
            {
                t=b[i];b[i]=b[j];b[j]=t;
            }
}
main()
{
    int a[10]={5,4,3,2,1,6,7,8,9,10},i;
    f(&a[2],5,0);
    f(a,5,1);
    for(i=0;i<10;i++)
        printf("%3d",a[i]);
    printf("\n");
}
```

运行结果如下：

```
"D:\c实验例题\Debug\10_5.exe"
3  4  5  6  7  2  1  8  9 10
Press any key to continue_
```

四、思考与练习

1.分析如下程序中子程序 fun 的功能,并写出程序的运行结果。

```c
#include<stdio.h>
long fun(int n)
{
    long s;
    if(n==1||n==2)
        s=2;
    else
        s=n+fun(n-1);
    return s;
}
void main()
{
    printf("%ld\n",fun(5));
}
```

2. 分析如下程序中子程序 swap 的功能,并写出程序的运行结果。

```
void swap(int x,int y)
{
    int t;
    t=x;
    x=y;
    y=t;
    printf("%d %d",x,y);
}
main()
{
    int a=3,b=4;
    swap(a,b);
    printf(" %d %d\n",a,b);
}
```

3. 在如下程序中,函数 fun 的功能是计算 x^2-2x+6,主函数中将调用 fun 函数计算:

$y_1=(x+8)^2-2(x+8)+6$

$y_2=\sin^2 x-2\sin x+6$

在空白处填入适当的语句。

```
#include<math.h>
double fun(double x)
{
    return (x*x-2*x+6);
}
main()
{
    double x,y1,y2;
    scanf("%lf",&x);
    y1=fun(_____);
    y2=fun(_____);
    printf("y1=%.2lf,y2=%.2lf\n",y1,y2);
}
```

4. 编写子函数:输入一个十进制数,输出其对应的八进制和十六进制数。用主函数调用该函数。

5. 编写子函数求 1～n 范围内个位数为 9 的数之和。用主函数调用该函数,n 为参数且 n 不大于 100。

实验十一

指　针

一、实验目的与要求

1.掌握指针变量的定义与初始化。

2.掌握指针的引用和运算。

二、实验准备知识

1.指针变量的定义及初始化

在 C 语言中,每一个内存单元都有一个地址,这个地址称为指针。我们可以定义一个变量来存放指针,这个变量就被称为指针变量。

指针变量定义的一般格式为:

[存储类型] 类型说明符 *变量名;

类型说明符表明指针变量所指向的数据的类型,决定了内存分配的存储空间。"*"则表示定义的是一个指针变量。

如:

int * p;　　　　/*定义了一个整型指针 p*/

float * q;　　　　/*定义了一个浮点型指针 q*/

指针变量的初始化即给指针变量赋值,因为指针变量指向一个地址,所以只能把地址赋给指针变量。

如:

int a;

int * p;

p=&a;

其中"&"称为取地址运算符,表示取得变量 a 的地址赋给指针 p。

2.指针的引用和运算

指针必须先定义、赋值后再使用。指针可以进行简单的算术运算和关系运算。

如:

int m[5],* p;

p=m;

p++;

三、实验内容与步骤

1. 输入两个数，按从大到小的顺序输出。

程序代码如下：

```c
#include<stdio.h>
void main()
{
    int * p, * p1, * p2,a,b;
    scanf("%d,%d",&a,&b);
    p1=&a;
    p2=&b;
    if(a<b)
    {
        p=p1;
        p1=p2;
        p2=p;
    }
    printf("a=%d,b=%d\n",a,b);
    printf("max=%d,min=%d\n", * p1, * p2);
}
```

运行程序，输入"25,35<回车>"，运行结果如下：

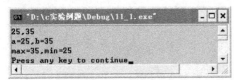

2. 在如下程序中，子函数的功能为将字符数组中的大写字母转化为小写字母。用主函数调用该子函数，使用指针实现参数传递。

```c
#include<stdio.h>
char fun(char * s)
{
    if( * s>='A'&& * s<='Z')
        * s+=32;
    return * s;
}
main()
{
    char a[80], * p;
    p=a;
    scanf("%s",p);
    for(; * p;p++)
        putchar(fun(p));
    printf("\n");
}
```

运行程序,输入"Language<回车>",运行结果如下:

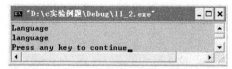

3. 在如下程序中,函数 huiwen 的功能是检查一个字符串是否是回文,当字符串是回文时,函数返回字符串"yes!",否则函数返回字符串"no!",并在主函数输出。所谓回文是指一个字符串正向与反向的拼写都一样,如 abcba 是一个回文字符串。

```c
#include<string.h>
char * huiwen(char * st)
{
    char * p1, * p2;
    int i,t=0;
    p1=st;
    p2=st+strlen(st)-1;
    for(i=0;i<=strlen(st)/2;i++)
        if( * p1++! = * p2--)
        {
            t=1;break;
        }
        if(t==0)
            return("yes!");
        else
            return("no!");
}
main()
{
    char str[50];
    printf("请输入一个字符串:");
    scanf("%s",str);
    printf("%s\n",huiwen(str));
}
```

运行程序,如果输入"abcgcba<回车>",运行结果如下:

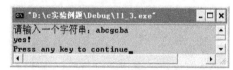

如果输入"abcedf<回车>",运行结果如下:

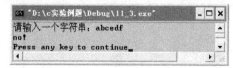

四、思考与练习

1. 分析如下程序的运行结果。

```
#include<stdio.h>
main()
{
    int *p;
    char s[]="Happy New Year!",*c;
    p=s+6;
    c=p;
    printf("%c\n",*c);
}
```

2. 分析如下程序的运行结果。

```
#include<stdio.h>
void f(int *x,int y)
{
    --*x; y++;
}
main()
{
    int x=3,y=0;
    f(&x,y);
    printf("%d,%d\n",x,y);
}
```

3. 分析如下程序中参数的传递方式,并写出运行结果。

```
#include<stdio.h>
fun(int *m,int n)
{
    int i;
    for(i=0;i<n;i++)
        m[i]++;
}
main()
{
    int a[]={1,2,3,4,5},i;
    fun(a,5);
    for(i=0;i<5;i++)
    printf("%d",a[i]);
    printf("\n");
}
```

4.如下程序的功能是:利用指针指向三个整型变量,并通过指针找出三个数中的最大值并输出。在空白处填入适当的语句。

```c
#include<stdio.h>
main()
{
    int x,y,z,max;
    int *px,*py,*pz,*pmax;
    scanf("%d %d %d",&x,&y,&z);
    px=&x;py=&y;pz=&z;pmax=&max;
    _____;
    if(*pmax<*py)    *pmax=*py;
    if(*pmax<*pz)    *pmax=*pz;
    printf("max=%d\n",max);
}
```

5.用指针完成输入一个整型数组,求出其中最大的元素和最小的元素。

实验十二

变量的作用域与生存期

一、实验目的与要求

1. 了解变量的作用域与生存期的概念。
2. 学会判断变量的作用域与生存期。

二、实验准备知识

1. 变量的作用域

变量的作用域即变量的有效范围,分为全局变量和局部变量。如果变量定义在函数的外部则称为全局变量,如果变量定义在函数的内部则称为局部变量。局部变量只在所定义的函数范围内有效。

2. 变量的生存期

变量的生存期由其存储类型决定。局部变量的存储类型可以为 auto、register 或static。auto 和 register 型变量在程序执行期间完成初始化。函数每次被调用都要进行一次初始化,值只在程序或函数执行期间被保留。static 型变量在编译时完成初始化,只初始化一次,其生存期和程序的生存期相同。

全局变量的存储类型为 static 和 extern。全局变量的生存期和程序的生存期相同。其中 extern 定义的变量为外部型,可被其他程序文件引用。

三、实验内容与步骤

1. 分析如下程序中变量的作用域和生存期。

```
#include<stdio.h>
fun(int a)
{
    auto int b=0;
    static int c=3;
    b++;
    c++;
    return a+b+c;
}
main()
{
```

```
    int i,a=5;
    for(i=0;i<3;i++)
    {
        printf("%d %d",i,fun(a));
        printf("\n");
    }
}
```

运行结果如下：

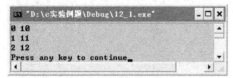

2.分析如下程序中变量的作用域和生存期。

```
#include<stdio.h>
int fun(int x[],int n)
{
    static int sum=0,i;
    for(i=0;i<n;i++)
        sum+=x[i];
    return sum;
}
main()
{
    int a[]={1,2,3,4,5},b[]={6,7,8,9},s=0;
    s=fun(a,5)+fun(b,4);
    printf("%d\n",s);
}
```

运行结果如下：

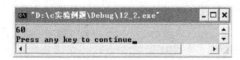

四、思考与练习

1.变量的存储类别有哪些？
2.分析如下程序中变量的作用域和生存期,并分析程序的运行结果。

```
#include<stdio.h>
fun(int x,int y)
{
    static int m=0,i=2;
    i+=m+1;
    m=i+x+y;
    return m;
```

```
}
main()
{
    int j=1,m=1,k;
    k=fun(j,m);
    printf("%d,",k);
    k=fun(j,m);
    printf("%d\n",k);
}
```

3. 分析如下程序的运行结果。

```
#include<stdio.h>
int a=2;
int f(int n)
{
    static int a=3;
    int t=0;
    if(n%2)
    {
        static int a=4;
        t+=a++;
    }
    else
    {
        static int a=5;
        t+=a++;
    }
    return t+a++;
}
main()
{
    int s=a,i;
    for(i=0;i<3;i++)
        s+=f(i);
    printf("%d\n",s);
}
```

实验十三

复合结构类型

一、实验目的与要求

1. 掌握结构体类型变量的定义和使用。
2. 掌握结构体类型数组的概念和应用。
3. 了解链表的概念,初步学会对链表进行操作。

二、实验准备知识

1. 结构体类型的定义

结构体是由若干个数据类型构成的,并且是用一个标识符来命名的各种成员变量的组合。结构体各成员项可以使用不同的数据类型。

格式:

struct 结构体类型名

{

数据类型 1 成员名 1;

数据类型 2 成员名 2;

数据类型 3 成员名 3;

…

数据类型 n 成员名 n;

};

如:将一个学生的信息记录定义成一个名为 struct student 的结构体类型。

struct student

{

int num;

string name;

char sex;

int age;

float score;

char addr[30];

};

2.结构体变量的定义

(1)先声明结构体类型,再定义变量名

格式:

struct 结构体类型名 变量名;

如:

```
struct student
{
    int num;
    char name[20];
    char sex;
    int age;
    float score;
    char addr[30];
};
struct student student1,student2;
```

(2)在声明结构体类型的同时定义变量

格式:

```
struct 结构体类型名
{
    成员列表;
} 变量名列表;
```

如:

```
struct student
{
    int num;
    char name[20];
    char sex;
    int age;
    float score;
    char addr[30];
} student1,student2;
```

(3)直接定义结构体变量(又称为一次性定义)

格式:

```
struct
{
    成员列表;
} 变量名列表;
```

如:

```
struct
{
    int num;
```

```
        char name[20];
        char sex;
        int age;
        float score;
        char addr[30];
} student1,student2;
```

3.结构体变量的赋值

结构体变量的赋值方法有三种:初始化、赋值、从键盘输入。

如:在前面已定义了结构体类型 student,且 student1、student2 被定义为结构体变量,并对 student2 作了初始化赋值。在 main 函数中,把 student2 的值整体赋予 student1,然后用 printf 语句输出 student1 各成员的值。

```
main()
{
    struct student
    {
    int num;
    char name[20];
    char sex;
    float score;
    }student1,student2={101,"Lihao",'M',90.5};
    student1=student2;
    printf("number=%d,name=%s,sex=%c,score=%f\n",student1.num,student1.name,
student1.sex,student1.score);
}
```

4.结构体变量的引用

引用结构体变量成员的一般格式是:

结构体变量名.成员名

如:以前面定义的 student1 和 student2 为例,student1.num 表示 student1 变量中的 num 成员,即 student1 的 num(学号)项,可以对变量的成员赋值。例如,student1.num=201110。

5.结构体数组的定义及初始化

(1)结构体数组的定义

结构体数组的定义方法和定义结构体变量相似,只需说明它为数组类型即可。

①间接定义

如:

```
struct student
{
    int num;
    char name[20];
    char sex;
    int age;
    float score;
```

```
        char addr[30];
};
struct student stu[3];
```
以上间接定义了一个数组 stu，数组有 3 个元素，均为 struct student 类型数据。

②直接定义

如：
```
struct student
{
    int num;
    char name[20];
    char sex;
    int age;
    float score;
    char addr[30];
} stu[3];
```
在定义结构体类型的同时定义该类型的数组，这是一种直接定义的方式。

（2）结构体数组的初始化

结构体数组的初始化相当于给若干个结构体变量初始化，因此，只要将各个元素的初值写在内嵌的大括号中即可。

如：
```
struct student
{
    int num;
    char name[20];
    char sex;
    int age;
    float score;
    char addr[30];
} stu[3]={{201101,"Wang dan",'F',20,86,"Jinzai Road"},{201102,"Li xiao han",'M',22,78,
"Susong Road"},{201103,"Peng yu",'M',19,86,"Changsha Road"}};
```

6.结构体在单向链表中的应用

对于结构体类型，如果其中的一个成员项是一个指向自身结构的指针，则该结构体可以用于动态内存分配的单向链表操作。

三、实验内容与步骤

1.结构体成员输入、输出操作示例。

程序代码如下：
```
#include<stdio.h>
struct student
{
    int num;
```

```
    char name[20];
    float score;
};
void main()
{
    struct student s;
    char name[20];
    printf("\nnum: ");
    scanf("%d",&s.num);
    printf("name: ");
    scanf("%s",s.name);
    printf("score: ");
    scanf("%f",&s.score);
    printf("\nnum:%d\nname:%s\nscore:%.1f\n",s.num,s.name,s.score);
}
```

运行结果如下：

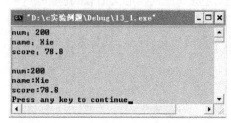

2. 输入 5 名学生的学号及成绩，求成绩好的学生的学号及成绩。

程序代码如下：

```
#include<stdio.h>
struct student
{
    int num;
    float score;
};
void main()
{
    struct student stu,max;
    int i;
    float sum=0;
    max.score=0;
    for(i=0;i<5;i++)
    {
        scanf("%d%f",&stu.num,&stu.score);
        if(stu.score>max.score)
            max=stu;
        sum+=stu.score;
```

```
        }
        printf("\nMax:%d-%5.1f\n",max.num,max.score);
        printf("Sum :%.1f\n\n",sum);
}
```

运行结果如下：

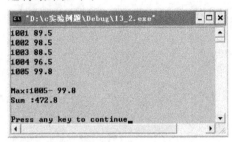

3.利用结构体数组完成下题：有 5 个学生的数据，包括学号、姓名、3 门课的成绩，从键盘输入这些信息，输出每个学生 3 门课的平均成绩。

程序代码如下：

```
#include<stdio.h>
struct student
{
    int num;
    char name[10];
    int score[3];
    float aver;
};
void main()
{
    struct student stu[5];
    float sum;
    int i,j;
    for(i=0;i<5;i++)
    {
        printf("Input  student  %d :\n",i+1);
        printf("NO.:");
        scanf("%d",&stu[i].num);
        printf("Name:");
        scanf("%s",stu[i].name);
        sum=0;
        for(j=0;j<3;j++)
        {
            printf("score %d:",j+1);
            scanf("%d",&stu[i].score[j]);
            sum+=stu[i].score[j];
        }
```

```
            stu[i]. aver＝sum/3;
        }
    for(i＝0;i＜5;i＋＋)
        printf("student   %d   :%f\n",i+1,stu[i]. aver);
}
```

运行结果如下：

四、思考与练习

1.有 5 个学生,每个学生的数据包括学号、姓名、3 门课的成绩。从键盘输入 5 个学生的数据,要求输出每个学生 3 门课的平均成绩,以及最高分的学生的数据(包括学号、姓名、3 门课的成绩、平均成绩)。

2.有一个结构体变量,包含学生学号、姓名和 3 门课的成绩。要求在 main 函数中赋值,在另一个函数 printf 中将它们打印输出。

3.利用结构体数组存放考生记录。考生信息包括:准考证号、姓名、性别、出生日期、成绩。现要求编写 4 个函数,分别完成考生数据的输入、考生数据的输出、找出考分最高的考生信息以及按准考证号升序序列输出考生信息。

4.有 13 个人围成一个圈,从第一个人开始顺序报号"1,2,3",凡报到"3"者退出圈子,找出最后留在圈子中的人原来的序号。要求用链表实现。

实验十四

预编译

一、实验目的与要求

1. 掌握宏定义的方法。
2. 掌握文件包含处理的方法。
3. 掌握条件编译的方法。

二、实验准备知识

1. 宏定义

C 语言的宏定义分为不带参数的宏定义和带参数的宏定义。

(1)不带参数的宏定义

格式：

♯define 标识符 字符串

"♯"表示这是一条预处理命令，凡是以"♯"开头的均为预处理命令。"define"为宏定义命令。"标识符"为所定义的宏名。"字符串"可以是常数、表达式、格式串等。在前面介绍过的符号常量的定义就是一种不带参数的宏定义。此外，通常情况下，我们都会对程序中反复使用的表达式进行宏定义。

如：

♯define PI 3.1415926

在程序文件中用指定的标识符 PI 代替"3.1415926"这个字符串，程序在编译时当遇到 PI 时，就会自动用 3.1415926 来取代。

如：

♯define M (a * b + 3 * a * a)

该宏定义的作用是指定标识符 M 来代替表达式(a * b + 3 * a * a)。在编写源程序时，所有的(a * b + 3 * a * a)都可由 M 代替，而对源程序作编译时，将先由预处理程序进行宏代换，即用(a * b + 3 * a * a)表达式去置换所有的宏名 M，然后再进行编译。

(2)带参数的宏定义

格式：

♯define 标识符(参数表) 字符串

"♯"表示这是一条预处理命令，凡是以"♯"开头的均为预处理命令。"define"为宏定义命令。"标识符"为所定义的宏名。"字符串"可以是常数、表达式、格式串等。

如：

♯define ADD(a,b) a＋b

这个带参数的宏定义的作用是：程序文件中用指定的标识符 ADD(a,b)代替 a＋b 这个字符串，程序在编译时当遇到 ADD(a,b)时，就会自动用 a＋b 来取代。标识符 ADD(a,b)被称为宏名，要注意的是用户在定义其他标识符时就不能与当前 ADD(a,b)这个标识符同名了。

2.文件包含

C 语言程序中的多个函数模块可以放在同一个文件中，也可以将各函数模块分别放在若干个文件中。文件包含是指一个源文件可以将另一个指定的源文件包括进来，其功能是将指定文件中的全部内容读到该命令所在的位置后被编译。

格式：

♯include″文件名″

或者

♯include＜文件名＞

使用尖括号表示在包含文件目录中查找，而不在源文件目录中查找。其中包含文件目录是由用户在设置环境时设置的。使用双引号则表示首先在当前的源文件目录中查找，如果未找到才到包含文件目录中去查找。用户编程时可根据自己文件所在的目录来选择一种命令形式。

3.条件编译命令

通常情况下，源程序文件中的所有语句都需要参加编译这个过程。但是在有些情况下要求程序中的一部分内容只在满足一定条件的时候才进行编译，条件不满足时则编译另一组语句，或什么也不做，也就是说对该部分内容指定编译的条件，这就是"条件编译"。条件编译的三种形式如下：

(1)第一种形式

♯ifdef 标识符

　　程序段 1

♯else

　　程序段 2

♯endif

它的功能是，如果标识符已被♯define命令定义过则对程序段 1 进行编译，否则对程序段 2 进行编译。如果在实际应用过程中，程序中没有程序段 2，那么格式中的♯else就可以没有，将其省略是合法的。

(2)第二种形式

♯ifndef 标识符

　　程序段 1

♯else

　　程序段 2

♯endif

第二种形式与第一种形式的差别在于将"ifdef"改成了"ifndef"，形式上其他信息无变化。其功能是，如果标识符未被♯define命令定义过则对程序段 1 进行编译，否则对程序段 2 进行编译。这与第一种形式的功能正相反。第二种形式与第一种形式的用法差不多，程序设计人员可根据实际使用情况进行选择。

(3)第三种形式

#if 常量表达式

　　程序段 1

#else

　　程序段 2

#endif

　　其功能是,如常量表达式的值为真(非 0),则对程序段 1 进行编译,否则对程序段 2 进行编译。因此可以使程序在不同条件下,完成不同的功能。

三、实验内容与步骤

1.用宏定义求圆的周长、面积和球的体积。

程序代码如下:

```
#include<stdio. h>
#define PI 3. 1415926
#define L(r) 2 * PI * r
#define Area(r) PI * r * r
#define V(r) 4 * PI * r * r * r/3
void main()
{
    float r;
    printf("Enter r:\n;");
    scanf("%f",&r);
    printf("The circle's perimeter is %. 2f\n",L(r));
    printf("The circle's area is %. 2f\n",Area(r));
    printf("The ball's volume is %. 2f\n",V(r));
}
```

运行结果如下:

```
"D:\c实验例题\Debug\14_1.exe"
Enter  r:
10
The circle's perimeter is 62.83
The circle's area is 314.16
The ball's volume is 4188.79
Press any key to continue
```

2.宏调用的使用。

程序代码如下:

```
#include<stdio. h>
#define SQ(y) ((y) * (y))
void main()
{
    int i=1;
    while (i<=5)
        printf("%d\n",SQ(i++));
}
```

运行结果如下：

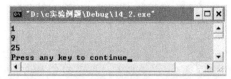

3.输入一行英文字母字符,根据需要设置条件编译,使之能将小写字母全改为大写字母输出,或者将大写字母全改为小写字母输出。（下面给出小写字母全改为大写字母输出的程序,读者可以参考修改成将大写字母改为小写字母输出的程序）

程序代码如下：

```c
#include<stdio.h>
#define LETTER 1
void main()
{
    char str[20]="HellohumAN",c;
    int i;
    for(i=0;i<20;i++)
    {
        c=str[i];
        #if LETTER
        if(c>='a'&&c<='z')
            c=c-32;
        #else
            if(c>='A'&&c<='Z')
                c=c+32;
        #endif
        printf("%c",c);
    }
    printf("\n");
}
```

运行结果如下：

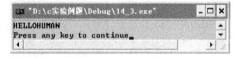

4.条件编译的使用。

程序代码如下：

```c
#include<stdio.h>
#define R 1
void main()
{
```

```
    double c,r,s;
    printf("Input a number:");
    scanf("%lf",&c);
    #if R
        r=3.14159*c*c;
        printf("Area of round:%lf\n",r);
    #else
        s=c*c;
        printf("Area of square :%lf\n",s);
    #endif
}
```

运行结果如下：

```
"D:\c实验例题\Debug\14_4.exe"
Input  a  number:10
Area  of  round:314.159000
Press any key to continue_
```

四、思考与练习

1. 定义一个带参数的宏，其作用是使两个参数的值互换，并编写 C 语言程序，输入两个数作为使用宏时的实参，输出实现交换后的两个值。

2. 分别用自定义函数和带参数的宏定义实现求两个数的乘积的功能，并比较两种实现方法的区别。

3. 通过文件包含的使用，求一个数值的余弦值。

4. 从键盘输入一个 5×5 的矩阵，求矩阵的主对角线元素之和以及矩阵中最大元素值和最小元素值，要求用定义和调用函数的方法来实现，同时要求通过文件包含的方式把它们连接起来。

实验十五

位运算

一、实验目的与要求

1. 掌握按位运算的概念和方法,学会使用位运算符。
2. 学会通过位运算实现对某些位的操作。
3. 了解位段知识。

二、实验准备知识

1. 位运算与位运算符

(1)按位与运算(&)

运算规则:如果两个相应的二进制位都为 1,则结果值为 1,否则为 0,即

0&0=0,0&1=0,1&0=0,1&1=1

按位与可用于一些特殊的场合。

如:

①清零工作,只要将所需清零的对应位与 0 进行按位与运算,就可以完成对某些位的清零操作。

②保留某些位工作,只要将需保留的对应位与 1 进行按位与运算,就可以完成对某些位的保留操作。

(2)按位或运算(|)

运算规则:如果两个相应的二进制位都为 0,则结果值为 0,否则为 1,即

0|0=0,0|1=1,1|0=1,1|1=1

按位或运算的主要用途是对某些位进行置 1 操作,即若要将一个数值的低四位全改为 1,只需要将这个数值与十进制数据 15 进行按位或运算即可。

(3)按位异或运算(^)

运算规则:如果两个相应的二进制位相同,则结果值为 0,否则为 1,即

0^0=0,0^1=1,1^0=1,1^1=0

按位异或可用于一些特殊的场合。

如:

①与 0 相异或,保留原值。只要将需保留的位与 0 进行按位异或运算,就可以保证原数值不会被更改。

②交换两个值,不用临时变量。即使用 a=a^b、b=b^a、a=a^b 三步便可完成。

③使特定位翻转。若将 10101000 的高四位或者低四位进行翻转,即让 1 变成 0,0 变成 1,可以将原数值的高四位(低四位)与 11110000(00001111)进行按位异或运算来完成。

(4)按位取反运算(～)

运算规则:按位取反是一种单目运算,用来对二进制位进行取反运算。如果二进制位为 0,则结果为 1,否则为 0,即

～0＝1,～1＝0

(5)左移位运算(＜＜)

格式:

x＝x＜＜n

运算规则:将一个数值 x 的各个二进制位全部左移 n 位。其中 x 是运算对象(操作数),可以是一个字符型或者整型的变量或者表达式;n 是待移位的位数,必须是整数。左移位的过程中,各个二进制位顺序向左移动,右端空出的位补 0,左端移出的位则被舍弃。

(6)右移位运算(＞＞)

格式:

x＝x＞＞n

运算规则:将一个数值 x 的各个二进制位全部右移 n 位。其中 x 是运算对象(操作数),可以是一个字符型或者整型的变量或者表达式;n 是待移位的位数,必须是整数。右移位的过程中,各个二进制位顺序向右移动。

2.位段

(1)位段结构类型及位段结构变量的定义

格式:

struct 结构标识符

{

数据类型 位段名 1:位数;

数据类型 位段名 2:位数;

数据类型 位段名 3:位数;

…

数据类型 位段名 n:位数;

}位段结构变量表;

如:

struct　abc

{

unsigned a:2;

unsigned b:6;

unsigned c:4;

unsigned d:4;

int i;

}data;

(2)位段的数据引用

格式:

位段结构变量名.位段名

如：

data. a＝2；

data. b＝7；

data. c＝10；

三、实验内容与步骤

1.左移和右移运算综合示例。

程序代码如下：

```
#include<stdio. h>
main()
{
    char a='a',b='b';
    int p,c,d;
    p=a;
    p=(p<<8)|b;
    d=p&0xff;
    c=(p&0xff00)>>8;
    printf("a=%d\nb=%d\nc=%d\nd=%d\n",a,b,c,d);
}
```

运行结果如下：

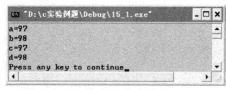

```
"D:\c实验例题\Debug\15_1.exe"
a=97
b=98
c=97
d=98
Press any key to continue_
```

2.编写一个函数 getbits,从一个 16 位的单元中取出某几位(即这几位保留原值,其余位为 0)。函数调用形式为 getbits(value,n1,n2),其中 value 为该 16 位(2 个字节)中的数据值,n1 为预取出的起始位,n2 为预取出的结束位。

如：

getbits(0101675,5,8)

表示对八进制 101675 这个数,取出它的从左面起第 5 位到第 8 位。

程序代码如下：

```
#include<stdio. h>
void main()
{
    unsigned short int getbits(unsigned short value,int n1,int n2);
    unsigned short int a;
    int n1,n2;
    printf("Input an octal number:");
    scanf("%o",&a);
    printf("Input n1,n2:");
    scanf("%d,%d",&n1,&n2);
```

```
    printf("Result:%o\n",getbits(a,n1-1,n2));
}
unsigned short int getbits(unsigned short value,int n1,int n2)
{
    unsigned short int z;
    z=~0;
    z=(z>>n1)&(z<<(16-n2));
    z=value&z;
    z=z>>(16-n2);
    return(z);
}
```

运行结果如下：

```
"D:\c实验例题\Debug\15_2.exe"
Input an octal number:0154
Input n1,n2:10,20
Result:0
Press any key to continue
```

3. 从键盘输入一个正整数给 int 型变量 num，按二进制位输出该数。

程序代码如下：

```c
#include<stdio.h>
void main()
{
    int num,mask,i;
    printf("Input a integer number:");
    scanf("%d",&num);
    mask=2<<14;                        /* 构造一个最高位为 1、其余各位为 0 的整数 */
    printf("%d=",num);
    for(i=1;i<=16;i++)
    {
        putchar (num&mask?'1':'0');    /* 输出最高位的值 */
        num<<=1;                       /* 将次高位移高位上 */
        if(i%4==0) putchar(',');       /* 4 位一组，用逗号分开 */
    }
    printf("\bB\n");
}
```

运行结果如下：

```
"D:\c实验例题\Debug\15_3.exe"
Input a integer number:25
25=0000,0000,0001,1001B
Press any key to continue
```

4. 设计一个函数，使给出一个数的原码，能得到该数的补码。

程序代码如下：

```c
#include<stdio.h>
```

```
void main()
{
    unsigned short int a;
    unsigned short int getbits(unsigned short);
    printf("\nInput an octal number:");
    scanf("%o",&a);
    printf("Result:%o\n",getbits(a));
}
unsigned short int getbits(unsigned short value)        /*求一个二进制补码函数*/
{
    unsigned int short z;
    z=value&0100000;
    if(z==0100000)
    z=~value+1;
    else
    z=value;
    return(z);
}
```

运行结果如下：

```
Input an octal number:12345
Result:12345
Press any key to continue_
```

5.分析如下程序的运行结果（位段的应用）。

程序代码如下：

```
#include<stdio.h>
void main()
{
    struct bit
    {
        unsigned a:3;
        unsigned b:1;
        unsigned c:2;
        int d;
    }s={1,2,3,4};
    s.c=7;
    s.d=125;
    printf("%d  %d  %d  %d\n",s.a,s.b,s.c,s.d);
}
```

运行结果如下：

```
1  0  3  125
Press any key to continue_
```

四、思考与练习

1. 在运用移位操作符时,在右移操作中,腾空位是填 0 还是符号位?什么数可以作移位的位数?

2. 编写一个函数,从一个 16 位的单元中取出某几位(即这几位保留原值,其余位为 0)。

3. 编写一个函数,对一个 16 位的二进制数取出它的偶数位,即将 2、4、6、8、10、12、14、16 位的值取出来。

4. 编写一个程序,要求测试所使用的 C 编译在执行右移时是按照逻辑位移原则还是算术右移原则进行的。

实验十六

文　件

一、实验目的与要求

1. 掌握文件夹以及缓冲文件系统、文件指针的概念。
2. 学会使用文件打开、关闭、读、写等文件操作函数。
3. 学会用缓冲文件系统对文件进行简单的操作。

二、实验准备知识

1. 文件指针

每个被使用的文件都在内存中开辟了一个区，用来存放文件的有关信息，比如说文件的名称、文件类型及文件当前位置等。这些信息保存在一个结构体变量内。该结构体类型是由系统定义的，取名为 FILE。

格式：

FILE ＊指针变量标识符；

如：

FILE ＊fp；

2. 文件打开函数 fopen

fopen 函数的功能是打开一个文件。

格式：

文件指针名＝fopen(文件名,使用文件方式)；

如：

FILE ＊fp；

fp＝("file a","r")；

该语句的意义是，在当前目录下打开文件 file a，只允许进行读操作，并使 fp 指向该文件。

3. 文件关闭函数 fclose

fclose 函数的功能是关闭一个文件。

格式：

fclose(文件指针)；

如：

fclose(fp)；

该语句的意义是，关闭当前程序中所打开的 fp 指针所指向的文件。正常完成关闭文件操作时,fclose 函数返回值为 0。如返回非零值,则表示有错误发生。因此,文件一旦使用完毕,应用关闭文件函数把文件关闭,以避免文件的数据丢失。

4. 读写字符函数

读写字符函数是以字符(字节)为单位的读写函数。每次可从文件读出或向文件写入一个字符。

(1)读字符函数 fgetc

fgetc 函数的功能是从指定的文件中读一个字符。

格式:

字符变量=fgetc(文件指针);

如:

ch=fgetc(fp);

该语句的意义是,从打开的文件 fp 所指的文件中读取一个字符并送入 ch 中。

(2)写字符函数 fputc

fputc 函数的功能是把一个字符写入指定的文件中。

格式:

fputc(字符量,文件指针);

其中,待写入的字符量可以是字符常量或变量。

如:

fputc('a',fp);

该语句的意义是,把字符 a 写入 fp 所指向的文件中。

5. 读写字符串函数

(1)读字符串函数 fgets

fgets 函数的功能是从指定的文件中读一个字符串到字符数组中。

格式:

fgets(字符数组名,n,文件指针);

如:

fgets(str,n,fp);

该语句的意义是,从 fp 所指的文件中读出(n-1)个字符送入字符数组 str 中。

(2)写字符串函数 fputs

fputs 函数的功能是向指定的文件中写入一个字符串。

格式:

fputs(字符串,文件指针);

如:

fputs("abcd",fp);

该语句的意义是,把字符串"abcd"写入 fp 所指的文件中。

6. 格式化读写函数

(1)格式化读函数 fscanf

格式:

fscanf(文件指针,格式字符串,输入表列);

如：

fscanf(fp,"%d%s",&i,s);

该语句的意义是,将整型变量 i 和字符串 s 的值按%d 和%s 的格式输入到 fp 所指向的文件中。

(2)格式化写函数 fprintf

格式：

fprintf(文件指针,格式字符串,输出表列)；

如：

fprintf(fp,"%d%c",j,ch);

该语句的意义是,将 fp 中的第一个整型数据赋给 j,再将其后的一个字符赋给字符变量 ch。

如果 fp 所指的文件中的数据是"2012happy!",那么上述语句的作用是将"2012"赋给整型数据 j,将"h"赋给字符变量 ch。

7.数据块读写函数

(1)数据块读函数 fread

格式：

fread(buffer,size,count,fp);

如：

fread(fa,4,5,fp);

该语句的意义是,从 fp 所指的文件中,每次读 4 个字节(一个实数)送入实数组 fa 中,连续读 5 次,即读 5 个实数到数组 fa 中。

(2)数据块写函数 fwrite

格式：

fwrite(buffer,size,count,fp);

如：

fwrite(fa,4,5,fp);

该语句的意义是,从数组 fa 中取 5 个实型数据(每个数据由 4 个字节组成)写入 fp 所指向的文件中。

8.文件定位函数

移动文件内部位置指针的函数主要有两个,即 rewind 函数和 fseek 函数。

(1)rewind 函数

格式：

rewind(文件指针);

功能:该函数是把文件内部的位置指针移到文件的开头,该函数没有返回值。

(2)fseek 函数

格式：

fseek(文件指针,位移量,起始点);

功能:该函数用来移动文件内部的位置指针。

如：

fseek(fp,50L,0);

该语句的意义是,把位置指针移到离文件首 50 个字节处。

又如:

fseek(fp,-50L,0);

该语句的意义是,把位置指针移到文件末尾处向后退 50 个字节处。

另外要注意的是,fseek 函数一般用于二进制文件。在文本文件中由于要进行转换,因此,计算的位置常会出现错误。

9. 文件的随机读写

在移动位置指针之后,即可用前面介绍的任一种读写函数进行读写。由于一般是读写一个数据块,因此,常用 fread 和 fwrite 函数。

三、实验内容与步骤

1. 将从键盘输入的若干个字符送入磁盘文件 file101. txt 中,当输入的字符为"＊"时停止。

程序代码如下:

```
#include<stdio. h>
#include<stdlib. h>
void main( )
{
    FILE  * fp;
    char ch,filename[10];
    puts("Please enter the filename:");
    scanf("%s",filename);
    if((fp=fopen(filename,"w"))==NULL)
    {
        puts("Can't open the file\n");
        exit(0);
    }
    ch=getchar();
    while(ch!='*')
    {
        fputc(ch,fp);
        putchar(ch);
        ch=getchar();
    }
    fclose(fp);
}
```

运行结果如下：

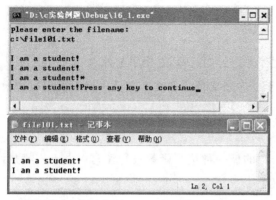

2. 编程实现从键盘输入一系列非"@"字符，写入到文本文件 file102. txt 中。

程序代码如下：

```c
#include<stdio.h>
#include<stdlib.h>
void main( )
{
    FILE  * fp;
    char ch;
    if((fp=fopen("C:\\file102.txt","w"))==NULL)
        printf("Can't open the file\n");
    do{
        ch=getchar();
        fputc(ch,fp);
    }while(ch!='@');
    fclose(fp);
}
```

运行结果如下：

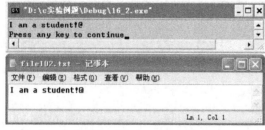

3. 设计一个函数，要求先以只写方式打开文件 out. dat，再把自己定义的字符串中的字符保存到这个磁盘文件中。

程序代码如下：

```c
#include<stdio.h>
#include<stdlib.h>
#define N 80
main()
```

```
{
    FILE * fp;
    int i=0;
    char ch;
    char str[N]="I'm a student!";
    if((fp=fopen("C:\\out. dat","wb"))==NULL)
    {
        printf("Can't open C:\\out. dat\n");
        exit(0);
    }
    while(str[i])
    {
        ch=str[i];
        fputc(ch,fp);
        putchar(ch);
        i++;
    }
    printf("\n");
    fclose(fp);
}
```

运行结果如下：

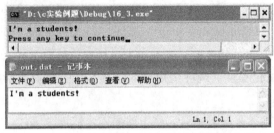

4. 设计一个函数,使用字符串写函数将字符串"Welcome you"写入 ASCII 文件 file. txt 中,再使用字符串读函数将刚写入文件中的字符串读入内存中并显示在屏幕上。

程序代码如下：

```
#include<stdio. h>
#include<stdlib. h>
void main()
{
    char string[]=" Welcome you";
    char display[15];
    FILE * fp;
    char c;
    if((fp=fopen("file. txt","w+"))==NULL)
    {
        printf("Can't open the file. \n");
```

```
        exit(1);
    }
    else
    {
        fputs(string,fp);              / *写字符串到文件中 * /
        rewind(fp);                    / *使文件位置指针移到文件开头 * /
        fgets(display,15,fp);          / *将字符串从文件读入到内存中 * /
        puts(display);                 / *输出到屏幕上 * /
        fclose(fp);
    }
}
```

运行结果如下：

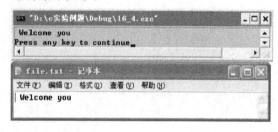

四、思考与练习

1. C语言中的文本文件和二进制文件有何区别？文件操作的一般步骤是什么？

2. 从键盘输入一个字符串，将其中的小写字母转换成大写字母，然后保存到文件 16-1.txt 中。输入的字符串以"!"结束。

3. 有一文件 employee.txt,其中存放着职工的数据。每个职工的数据包括职工姓名、职工号、性别、年龄、住址、工资、健康状况、文化程度。现在要求将职工姓名、工资的信息单独抽出来另建立一个简明的职工工资文件。

4. 对于一个已有文件 16-2.txt,要求编程实现对该篇文章中的单词个数进行统计。

5. 向文件 16-3.txt 中写入 100 个实数。文件存放在 C 盘下。

第 二 篇

《C 语言设计教程》习题

第1章

一、选择题

1.一个 C 语言程序的执行是从（　　　）。

A.本程序的 main 函数开始,到 main 函数结束

B.本程序文件的第一个函数开始,到本程序文件的最后一个函数结束

C.本程序文件的 main 开始,到本程序文件的最后一个函数结束

D.本程序文件的第一个函数开始,到本程序文件的 main 函数结束

2.以下叙述正确的是（　　　）。

A.在 C 语言程序中 main 函数必须位于程序的最前面

B.C 语言程序的每行中只能写一条语句

C.C 语言本身没有输入输出语句

D.在对一个 C 语言程序进行编译的过程中,可发现注释中的错误

3.以下叙述不正确的是（　　　）。

A.一个 C 语言源程序可由一个或多个函数组成

B.一个 C 语言源程序必须包含一个 main 函数

C.C 语言程序的基本组成单位是函数

D.在 C 语言程序中,注释说明只能位于一条语句的后面

4.C 语言规定,在一个源程序中,main 函数的位置（　　　）。

A.必须在最开始　　　　　　　　　　　B.必须在系统调用的库函数的后面

C.可以任意　　　　　　　　　　　　　D.必须在最后

5.一个 C 语言程序是由（　　　）组成。

A.一个主程序和若干子程序　　　　　　B.函数

C.若干过程　　　　　　　　　　　　　D.若干子程序

6.下面不属于 C 语言关键字的是（　　　）。

A.int　　　　　　　B.typedef　　　　　　C.enum　　　　　　D.unien

7.下列属于 C 语言合法的字符常数是（　　　）。

A.'\97'　　　　　　B."A"　　　　　　　C.'\t'　　　　　　D."\0"

8.标识符命名规则规定,标识符的合法字符不能是（　　　）。

A.下画线　　　　　　B.数字　　　　　　C.字母　　　　　　D.空格

二、简答题

1.简述 C 语言的主要特点。

2.简述标识符的构成规则。

3.简述注释在 C 语言中的作用及书写方法。

4.简述一个 C 源程序的运行步骤。

第 2 章

一、选择题

1. 下列选项中,正确的一组程序是(　　)。

A. char a;　　　　　　　B. char b;　　　　　　　C. char c;　　　　　　　D. char d
　　A='M';　　　　　　　　b='c';　　　　　　　　　c="M";　　　　　　　　　d="55"

2. 已知字母'b'的 ASCII 码值为98,如 ch 为字符型变量,则表达式 ch='b'+'5'-'2'的值为(　　)。

A. e　　　　　　　　　　B. d　　　　　　　　　C. 102　　　　　　　　D. 100

3. 如下程序的运行结果是(　　)。

```
main( )
{
    char c1='6',c2='0';
    printf("%c,%c,%d\n",c1,c2,c1-c2);
}
```

A. 因程序格式不合法,提示出错信息

B. 6,0,6

C. 6,0,7

D. 6,0,5

4. C 语言中最简单的数据类型包括(　　)。

A. 整型、实型、逻辑型　　　　　　　　　　B. 整型、实型、字符型

C. 整型、字符型、逻辑型　　　　　　　　　D. 整型、实型、逻辑型、字符型

5. 若已定义 x 和 y 为 double 类型,则表达式 x=1,y=x+3/2 的值是(　　)。

A. 1　　　　　　　　　　B. 2　　　　　　　　　C. 2.0　　　　　　　　D. 2.5

6. 设 a 为整型变量,不能正确表达数学关系 10<a<15 的 C 语言表达式是(　　)。

A. 10<a<15

B. a==11||a==12||a==13||a==14

C. a>10 && a<15

D. !(a<=10) && !(a>=15)

二、填空题

1. 如下程序的输出结果是_____。

```
void main()
{
    printf("%f\n%f\n",356.,356f);
    printf("%.2f\n%.2f\n",356.,356f);
}
```

2. 如下程序的输出结果是_____。

```
void main()
{
```

```
    float a;
    double b;
    a=33333.33333;
    b=33333.33333333333333;
    printf("%f\n%f\n",a,b);
}
```

3. 如下程序的输出结果是_____。

```
void main()
{
    int a=543;
    float b;
    b=123.523864+a;
    b=b-100;
    a=b;
    printf("a=%d b=%f\n",a,b);
}
```

4. 如下程序的输出结果是_____。

```
main()
{
    float f=5.75;
    printf("(int)f=%d,f=%f\n",(int)f,f);
}
```

三、简答题

1. 在选择算法的描述方法时,要注意哪些问题?

2. 求 m,n 的最大公约数,并画出流程图。

3. 用自然语言和流程图描述求 S=1+2+3+…+99+100 的值的算法。

第 3 章

一、选择题

1.定义变量如下:int x;float y;,则以下输入语句中(　　)是正确的。

A. scanf("%f%f",&x,&y);

B. scanf("%f%d",&x,&y);

C. scanf("%f%d",&y,&x);

D. scanf("%5.2f%2d",&x,&y);

2.putchar 函数可以向终端输出一个(　　)。

A.字符或字符变量的值　　　　　　　　　　B.字符串

C.实型变量　　　　　　　　　　　　　　　　D.整型变量的值

3.下列叙述正确的是(　　)。

A.赋值语句中的"="是表示左边变量等于右边表达式

B.赋值语句中左边的变量值不一定等于右边表达式的值

C.赋值语句是由赋值表达式加上分号构成的

D."x+=y;"不是赋值语句

4.有如下程序:

```
main()
{
    char a,b,c,d;
    scanf("%c,%c,%d,%d",&a,&b,&c,&d);
    printf("%c,%c,%c,%c\n",a,b,c,d);
}
```

若运行时从键盘输入"6,5,65,66<回车>",则输出结果是(　　)。

A. 6,5,A,B　　　　　　　　　　　　　　B. 6,5,65,66

C. 6,5,6,5　　　　　　　　　　　　　　D. 6,5,6,6

5.若有如下定义和语句:

int a=5;

a++;

此处表达式 a++的值是(　　)。

A. 7　　　　　　　　B. 6　　　　　　　　C. 5　　　　　　　　D. 4

6.如下程序的输出结果是(　　)。

```
#include<stdio.h>
main()
{
    int i=010,j=10;
    printf("%d,%d\n",++i,j--);
}
```

A. 11,10　　　　　　　B. 9,10　　　　　　C. 010,9　　　　　D. 10,9

7.若有定义:int x,y;char a,b,c;,并有以下输入数据(此处<CR>代表换行,代表空格):

1 2 <CR>

A B C<CR>

则能给 x 赋数 1,给 y 赋数 2,给 a 赋字符 A,给 b 赋字符 B,给 c 赋字符 C 的正确程序段是( )。

A. scanf("x=%d y=%d",&x,&y);a=getchar();c=getchar();

B. scanf("%d%d",&x,&y);a=getchar();b=getchar();c=getchar();

C. scanf("%d%d%c%c%c",&x,&y,&a,&b,&c);

D. scanf("%d%d%c%c%c%c%c%c",&x,&y,&a,&a,&b,&b,&c,&c);

8.若执行如下程序,从键盘输入 3 和 4,则输出结果是( )。

```
main()
{
    int a,b,s;
    scanf("%d%d",&a,&b);
    s=a;
    if (a<b) s=b;
    s=s*s;
    printf("%d\n",s);
}
```

A. 14   B. 16   C. 18   D. 20

二、填空题

1.复合语句在语法上被认为是_____,空语句的形式是_____。

2.如果想输出字符"%",则应该在"格式控制"字符串中用_____表示。

3.printf 函数的"格式控制"包括两部分,它们是_____和_____。

4.符号"&"是_____运算符,"&a"是指_____。

5.复合语句是由一对_____括起来的若干语句组成的。

6.如下程序的输出结果是_____。

```
main()
{
    int x,y;
    x=16;y=(x++)+x;printf("%d\n",y);
    x=15;printf("%d,%d\n",++x,x);
    x=20;y=(x--)+x;printf("%d\n",y);
    x=13;printf("%d,%d",x++,x);
}
```

7.已知字符 A 的 ASCII 码为十进制的 65,如下程序的输出结果是_____。

```
main()
{
    char ch1,ch2;
    ch1='A'+'5'-'3';
```

```
        ch2='A'+'6'-'3';
        printf("%d,%c\n",ch1,ch2);
}
```

8. 如下程序的输出结果是_____。

```
#include<stdio.h>
main( )
{
        double a;float b;int c;
        c=b=a=40/3;
        printf("%d %f %f\n",c,b,a);
}
```

三、程序设计题

1. 从键盘输入一个大写字母,要求改写成小写字母输出。

2. 由键盘输入两个整数赋值给变量 a 和 b,然后输出 a 和 b,在交换 a 和 b 中的值后,再输出 a 和 b,验证两个变量中的数值是否正确地进行了交换。

3. 输入两个整数:1500 和 350,求出它们的商和余数并输出。

4. 读三个整数赋值给 a,b,c,然后交换它们中的数,把 a 中原来的值给 b,b 中原来的值给 c,c 中原来的值给 a,且输出改变后的 a,b,c 的值。

5. 输入任意一个三位数,将其各位数字反序输出(例如输入 123,输出 321)。

第4章

一、选择题

1. 逻辑运算符两侧运算对象的数据类型（   ）。
A. 只能是 0 或 1
B. 只能是 0 或非 0 正数
C. 只能是整型或字符型数据
D. 可以是任何类型的数据

2. 下面关于运算符优先顺序的描述中正确的是（   ）。
A. 关系运算符＜ 算术运算符＜ 赋值运算符＜ 逻辑与运算符
B. 逻辑运算符＜ 关系运算符＜ 算术运算符＜ 赋值运算符
C. 赋值运算符＜ 逻辑与运算符＜ 关系运算符＜ 算术运算符
D. 算术运算符＜ 关系运算符＜ 赋值运算符＜ 逻辑与运算符

3. 能正确表示"当 x 的取值在[1,10]和[200,210]范围内为真，否则为假"的表达式是（   ）。
A. (x>=1) && (x<=10) && (x> = 200) && (x<=210)
B. (x>=1) || (x<=10) || (x>=200) || (x<=210)
C. (x>=1) && (x<=10) || (x> = 200) && (x<=210)
D. (x > =1) || (x< =10) && (x> = 200) || (x<=210)

4. 判断 char 型变量 ch 是否为大写字母的正确表达式是（   ）。
A. 'A' <=ch<='z'
B. (ch> = 'A')&(ch<=' z')
C. (ch>='A')&&(ch<='Z')
D. ('A'<=ch)AND('z'>= ch)

5. 设有如下定义：
int a=1,b=2,c=3,d=4,m=2,n=2;
则执行表达式:(m=a>b)&&(n=c>d)后,n 的值为（   ）。
A. 1   B. 2   C. 3   D. 0

6. 假定 w、x、y、z、m 均为 int 型变量,有如下语句：
w=1;x=2;y=3;z=4;
m=(w<x)? w :x;m=(m<y)? m :y;m=(m<z)? m:z;
则该程序运行后,m 的值是（   ）。
A. 4   B. 3   C. 2   D. 1

7. 如下程序的输出结果是（   ）。
```
main()
{
    int a=5,b=4,c=6,d;
    printf("%d\n",d=a>b? (a>c? a:c):(b));
}
```
A. 5   B. 4   C. 6   D. 不确定

8.假定所有变量均已正确说明,如下程序段运行后 x 的值是( )。

a＝b＝c＝0;x＝35;

if(!a)x－－;

else if(b);if(c)x＝3;

else x＝4;

A. 34   B. 4   C. 35   D. 3

9.若 w＝1,x＝2,y＝3,z＝4,则条件表达式 w＜x? w:y＜z? y:z 的值是( )。

A. 4   B. 3   C. 20   D. 1

二、填空题

1.若从键盘输入"58",则如下程序的输出结果是 _____ ,出现这样结果的原因在于_____。

```
main()
{
    int a;
    scanf("%d",&a);
    if(a>50) printf("%d",a);
    if(a>40) printf("%d",a);
    if(a>30) printf("%d",a);
}
```

2.如下程序段的输出结果是_____ ,出现这样结果的原因在于_____。

```
int n='c';
switch(n++)
{
    default:printf("error");break;
    case 'a':case 'A':case 'b':case 'B':printf("good");break;
    case 'c':case 'C':printf("pass");
    case 'd':case 'D':printf("warn");
}
```

3.如下程序所实现的功能是_____。

```
main()
{
    int x;
    scanf("%d",&x);
    if (x>5)
        printf("x>5");
    else if(x==5)
        printf("x=5");
    else printf("x<5");
}
```

4.有如下程序:

```
main()
{
```

```
    int n＝0,m＝1,x＝2;
    if (!n) x－＝1;
    if (m) x－＝2;
    if (x) x－＝3;
    printf ("%d\n",x);
}
```

程序的输出结果是_____。

5.如下程序可判断输入的一个整数是否能被 3 或 7 整除,若能整除,输出"yes",否则输出"no"。请填空。

```
# include <stdio. h>
main()
{
    int k;
    printf("Enter a int number:");
    scanf("%d",&k);
    if _____
        printf("yes\n");
    else
        printf("_____");
}
```

三、程序设计题

1.输入三个数,要求按由小到大的顺序输出(引入过渡变量,实现变量之间值的交换)。

2.输入两个整数,若它们的平方和大于 100,则输出该平方和的百位数以上(包括百位数字)的各位数字,否则输出两个整数的和。

3.铁路托运行李规定:行李质量不超过 50 kg 的,托运费按每千克 0.15 元计费。如超过 50 kg,超过部分每千克加收 0.10 元。编写一程序完成自动计费工作。

4.输入三个实数,判断以其作为边长构成三角形的状况。若构成正三角形则输出 1,构成等腰三角形则输出 2,构成任意三角形则输出 3,不能构成三角形则输出 0。

5.输入两门课的成绩,如果两门成绩都在 60 分以上,则输出"Pass!";只要有一门低于 60 分,就输出"Not pass!"。如果输入的任何一门成绩不在 0～100 范围内,则输出"It is wrong"。(要求用 switch 语句来编写程序)

第 5 章

一、选择题

1. 设有程序段：

```
int k＝10；
while (k＝0) k＝ k－1；
```

则下面描述中正确的是(   )。

A. while 循环执行 10 次
B. 循环是无限循环
C. 循环体语句一次也不执行
D. 循环体语句执行一次

2. 有如下程序：

```
main()
{
    int i＝0,s＝0；
    do{
        if (i%2)
            { i＋＋;continue;}
        i＋＋；
        s ＋＝ i；
    } while( i＜7 )；
    printf("%d\n", s)；
}
```

程序的输出结果是(   )。

A. 16   B. 12   C. 28   D. 21

3. 如下程序的输出结果是(   )。

```
main()
{
    int i＝0,a＝0；
    while(i＜20)
    {
        for(;;)
        {
            if((i%10)＝＝0) break；
            else i－－；
        }
        i＋＝11；a＋＝i；
    }
    printf("%d\n",a)；
}
```

A. 21   B. 32
C. 33   D. 11

4. 有如下程序段：

```
int x＝3；
```

```
do{
    printf ("%d",x-=2);
}while (!(--x));
```
程序段的输出结果是(   )。

A. 1   B. 3　0   C. 1　-2   D. 死循环

5. 下列程序段中不是死循环的是(   )。

A.
```
int i=100;
while (1)
{
    i=i%100+1;
    if (i>100) break;
}
```

B. `for(;;);`

C.
```
int k=0;
do{++k;} while (k<=0);
```

D.
```
int s=36;
while (s);--s;
```

6. 以下描述正确的是(   )。

A. goto 语句只能用于退出多层循环

B. switch 语句中不能出现 break 语句

C. 只能用 continue 语句来终止本次循环

D. 在循环中 break 语句不能独立出现

7. 如下程序段的输出结果是(   )。

```
int k,j,s;
for(k=2;k<6;k++,k++)
{
    s=1;
    for (j=k;j<6;j++)s+=j;
}
printf("%d\n",s);
```

A. 9   B. 1   C. 11   D. 10

8. 如下循环体的执行次数是(   )。

```
main()
{
    int i,j;
    for(i=0,j=1; i<=j+1;i+=2, j--)printf("%d \n",i);
}
```

A. 3   B. 2   C. 1   D. 0

9. 有如下程序:

```
main()
{
    int x, i;
    for(i=1;i<=50;i++)
```

```
    {
        x=i;
        if(x%2==0)
        {
            x++;
            if(x%3==0)
            {
                x++;
                if(x%7==0)
                {
                    x++;
                    printf("%d ",i);
                }
            }
        }
    }
}
```

输出结果是(   )。

A. 28   B. 27   C. 42   D. 26

10. 如下程序的输出结果是(   )。

```
main()
{
    int i,j,x=0;
    for (i=0;i<2;i++)
    {
        x++;
        for(j=0;j<3;j++)
        {
            if (j%2) continue;
            x++;
        }
        x++;
    }
    printf("x=%d\n",x);
}
```

A. x=4   B. x=8   C. x=6   D. x=12

二、填空题

1. 设有如下程序,在要求部分填入注释,并写出程序的功能。

```
main()
{
    int n1,n2;
    scanf("%d",&n2);              _____
    while(n2!=0)                  _____
    {
        n1=n2%10;                 _____
```

```
            n2=n2/10;
            printf("%d",n1);
        }
}
```

程序运行后,如果从键盘输入"1298",则输出结果为_____。

此程序的功能是_____。

2. 输入"c2470f ? ＜回车＞"后,如下程序的输出结果是_____。

```
#include <stdio.h>
main( )
{
    char ch;
    long number=0;
    while((ch=getchar( ))<'0'|| ch>'6') ;
        while(ch!='?'&&ch>='0'&&ch<='6')
        {
            number=number*7+ch-'0';
            printf("%ld#",number);
            ch=getchar( );
        }
}
```

3. 如下程序的功能是:从键盘输入若干学生的成绩,统计并输出最高成绩和最低成绩,最后当输入负数时结束输入。请填空。

```
main( )
{
    float x,amax,amin;
    scanf("%f",&x);
    amax=x; amin=x;
    while(_____)
    {
        if( x>amax) amax=x;
        if( x<amin)   _____
            _____
    }
    printf ("\namax=%f\namin=%f\n",amax,amin);
}
```

4. 如下程序的功能是:输出 100 以内能被 3 整除且个位数为 6 的所有整数。请填空。

```
#include <stdio.h>
main( )
{   int i, j;
    for(i=0;_____;i++)
    {
        j=i*10+6;
```

```
        if(_____) continue;
        printf("%d",j);
    }
}
```

5.如下程序的功能是:求 1!+2!+3!+4!+5!的值。请填空。

```
main( )
{
    int   i, j, f, sum=0;
    for(i=1;i<=5;i++)
    {
        f=1;
        for(j=1;_____;j++)
            _____;
        sum=sum+f;
    }
    printf("5! =%d",sum);
}
```

三、程序设计题

1.找出 1000 以内所有水仙花数(水仙花数是指一个数各位数字的立方和等于该数本身,如 1,153,407 等数)。

2.鸡翁一,值钱五;鸡母一,值钱三;鸡雏三,值钱一。百钱买百鸡,问翁母雏各几何?

3.求 1−3+5−7+…−99+101 的值。

4.将一个正整数分解质因数。例如,输入 90,打印输出 90=2 * 3 * 3 * 5。

5.猴子吃桃问题:猴子第一天摘下若干个桃子,当即吃了一半,还不过瘾,又多吃了一个。第二天早上又将剩下的桃子吃掉一半,又多吃了一个。以后每天早上都吃了前一天剩下的一半零一个。到第十天早上想再吃时,见只剩下一个桃子。求第一天共摘了多少个桃子。

第 6 章

一、选择题

1. 在 C 语言中,引用数组元素时,其数组下标的数据类型允许是( )。

A. 整型常数   B. 整型表达式

C. 整型常数或整型表达式   D. 任何类型表达式

2. C 语言中数组下标的下限是( )。

A. 1   B. 0   C. 视具体情况   D. 无固定下限

3. 设有数组定义:char array[ ]="China";,则数组 array 所占的空间为_____。

A. 4 个字节   B. 5 个字节   C. 6 个字节   D. 7 个字节

4. 下列描述中不正确的是( )。

A. 字符型数组中可以存放字符串

B. 可以对字符型数组进行整体输入、输出

C. 可以对整型数组进行整体输入、输出

D. 不能在赋值语句中通过赋值运算符"="对字符型数组进行整体赋值

5. 若有如下定义:

int a[3][3]={1,2,3,4,5,6,7,8,9},i;

则如下语句的输出结果是( )。

```
for(i=0;i<=2;i++)
    printf("%d",a[i][2-i]);
```

A. 3 5 7   B. 3 6 9   C. 1 5 9   D. 1 4 7

二、填空题

1. 如下程序的输出结果是_____。

```
#include<stdio.h>
int main()
{
    int * p1,x=5;
    float * p2,y=2.5;
    p1=&x;
    p2=&y;
    printf("%d,%f\n",++(* p1),(* p2)++);
    return 0;
}
```

2. 如下程序的输出结果是_____。

```
#include<stdio.h>
int main()
{
    int a[]={1,3,5,7,9,11}, * p=a;
    * (p+3)+=2;
    printf("%d,%d\n",* p,* (p+3));
    return 0;
}
```

3. 如下程序的输出结果是_____。

```
#include<stdio.h>
int main ( )
{
    static int a[10],i;
    for(i=0;i<10;i++)
        a[i]=i+1;
    for(i=0;i<10;i=i+2)
        printf("%d",*(a+i));
    return 0;
}
```

4. 若有数组 a[10],类型为 int 型,元素及值如下所示:

数组元素: a[0] a[1] a[2] a[3] a[4] a[5] a[6] a[7] a[8] a[9]
元素中的值: 9   4   8   3   2   6   7   0   1   5

则 *(a+a[9])的值为_____。

5. 如下程序的输出结果是_____。

```
#include<stdio.h>
int main()
{
    char a[]="computer";
    char t;
    int i,j=0;
    for(i=0;i<8;i++)
      for(j=i+1;j<8;j++)
        if(a[i]<a[j])
        {
            t=a[i];
            a[i]=a[j];
            a[j]=t;
        }
    printf("%s",a);
    return 0;
}
```

三、程序设计题

1. 输入一个 3×3 整型矩阵,求该矩阵的对角线之和。

2. 有一行电文,请按下面规律译成密码:

A→Z   a→z
B→Y   b→y
C→X   c→x

…

3. 将一个数组中的值按照逆序重新排放。

4. 输入 10 个整数,按从大到小的顺序输出。

5. 输入单精度型一维数组 a[10],计算并输出 a 数组中所有元素的平均值。

6. 按下列公式计算 s 的值(其中 x1,x2,…,xn 由键盘输入,x0 是 x1,x2,…,xn 的平均值)。

$$s = \sum_{i=1}^{n} (xi - x0)^2$$

第 7 章

一、选择题

1. C 语言中数组名作为参数传递给函数,作为实参的数组名被处理为(　　)。

A. 该数组的长度　　　　　　　　　　　　B. 该数组的元素个数

C. 该数组中各元素的值　　　　　　　　　D. 该数组的首地址

2. 以下叙述中不正确的是(　　)。

A. 在不同的函数中可以使用相同名字的变量

B. 函数中的形参是局部变量

C. 在一个函数内定义的变量只在本函数范围内有效

D. 在一个函数内的复合语句中定义的变量在本函数范围内有效

3. 以下对 C 语言函数的有关描述中,正确的是(　　)。

A. 在 C 语言程序中,调用函数时,只能把实参的值传送给形参,形参的值不能传送给实参

B. C 函数既可以嵌套定义又可以递归调用

C. 函数必须有返回值,否则不能使用函数

D. C 语言程序中有调用关系的所有函数必须放在同一个源程序文件中

4. 以下函数定义正确的是(　　)。

A. double fun(int x,int y)　　　　　　　B. double fun(int x;int y)

C. double fun(int x,int y);　　　　　　D. double fun(int x,y)

5. 以下错误的描述是(　　)。

A. 函数调用可以出现在执行语句中

B. 函数调用可以出现在一个表达式中

C. 函数调用可以作为一个函数实参

D. 函数调用可以作为一个函数形参

二、填空题

1. C 语言规定,可执行程序的开始执行点是_____。

2. 在 C 语言中,一个函数一般由两个部分组成,即_____和_____。

3. 如下程序的输出结果是_____。

```
#include<stdio.h>
sub(int n);
int main()
{
    int i=5;
    printf("%d\n",sub(i));
    return 0;
}
sub(int n)
```

```
{
    int a;
    if(n==1)
        a=1;
    else
        a=n+sub(n-1);
    return a;
}
```

4.若输入一个整数 10,如下程序的输出结果是_____。

```
#include<stdio.h>
sub(int a);
int main()
{
    int a,e[10],c,i=0;
    printf("请输入一个整数\n");
    scanf("%d",&a);
    while(a!=0)
    {
        c=sub(a);
        a=a/2;
        e[i]=c;
        i++;
    }
    for(;i>0;i--)
        printf("%d",e[i-1]);
    return 0;
}
sub(int a)
{
    int c;
    c=a%2;
    return c;
}
```

5.如下程序的输出结果是_____。

```
#include<stdio.h>
increment();
int main()
{
    increment();
    increment();
    increment();
    return 0;
}
```

```
increment()
{
    int x=0;
    x+=1;
    printf("%d",x);
}
```

三、程序设计题

1. 编写一个名为 root 的函数，求 b^2-4ac，并作为函数的返回值。其中的 a、b、c 作为函数的形参。

2. 求长方体的体积（边长为整数），要求写出相应的主函数。

3. 判断某年是否为闰年，是则返回 1，否则返回 0。

4. 编写两个函数，分别求两个整数的最大公约数和最小公倍数，在主函数中测试它们。

5. 将两个字符串连接。

6. 输入一行字符，将此字符串中最长的单词输出。

第8章

一、选择题

1. 基类型相同的两个指针变量之间不能进行的运算是（　　）。

A. ＜ B. ＝ C. ＋ D. －

2. 设 int x []＝{4,2,3,1},q,＊p＝&x[1];,则执行语句 q＝(＊－－p)＋＋后,变量 q 的值为（　　）。

A. 4 B. 3 C. 2 D. 1

3. 变量的指针,其含义是指该变量的（　　）。

A. 值 B. 地址 C. 名 D. 一个标志

4. 如下程序段中,for 循环的执行次数是（　　）。

```
char * s="\ta\018bc";
for( ; * s!='\0';s++)
    printf(" * d);
```

A. 9 B. 7 C. 6 D. 5

5. 下面能正确进行字符串赋值操作的是（　　）。

A. char s[5]＝{"ABCDE"};

B. char s[5]＝{'A','B','C','D','E'};

C. char * s;s="ABCDE";

D. char * s;scanf("%s",s);

6. 如下程序段的输出结果是（　　）。

```
int num[]={1,2,3,4,5,6,7,8,9}, * pnum=&num[2];
pnum++;
++pnum;
printf("%d\n", * pnum);
```

A. 3 B. 4 C. 5 D. 6

7. 如下程序段的输出结果是（　　）。

```
char * pstr="My name is Tom";
int n=0;
while( * pstr++!='\0')
n++;
printf("n=%d\n",n);
```

A. 12 B. 14 C. 16 D. 不确定

8. 如下程序段的输出结果是（　　）。

```
int num[9]={1,2,3,4,5,6,7,8,9}, * p;
p=num;
 * (p+1)=0;
printf("%d,%d,%d\n", * p,p[1],( * p)++);
```

A. 2,0,1 B. 1,0,1 C. 2,2,2 D. 1,1,1

9.如下程序段的输出结果是(　　　)。

```
int a=5,* p=&a,b,* q;
a=10;
* p=15;
q=p;
* q=20;
b= * q;
p=&b;
printf("a=%d,b=%d,* p=%d,* q=%d\n",a,b,* p,* q);
```

A.a=5,b=10,* p=15,* q=20

B.a=20,b=15,* p=10,* q=5

C.a=20,b=20,* p=20,* q=20

D.a=15,b=15,* p=15,* q=15

10.已知 char * p, * q;,以下语句正确的是(　　　)。

A.p * 5;   B.p/=q;

C.p+=5;   D.p+=q;

二、填空题

1.一个专门来存放另一个变量地址的变量称为_____。

2.执行如下列程序后,m 值为_____。

```
int a[2][3]={{1,2,3},{4,5,6}};
int m,* p;
p=&a[0][0];
m=( * p) * ( * (p+2)) * ( * (p+4));
```

3.如下程序的输出结果是_____。

```
#include<stdio.h>
int main()
{
    char a[]="programming",b[]="language";
    char * p1,* p2;
    int i;
    p1=a;p2=b;
    for(i=0;i<7;i++)
        if( * (p1+i)== * (p2+i))
            printf("%c",* (p1+i));
    return 0;
}
```

4.如下程序的输出结果是_____。

```
#include<stdio.h>
void f(int * x,int * y)
{
    int t;
```

```
        t= * x; * x= * y; * y=t;
    }
    int main()
    {
        int a[8]={1,2,3,4,5,6,7,8},i, * p, * q;
        p=a;q=&a[7];
        while(p<q)
        {
            f(p,q);
            p++;
            q--;
        }
        for(i=0;i<8;i++)
            printf("%d",a[i]);
        return 0;
    }
```

5. 设 int x[]={4,3,2,1},q, * p=&x[1];,则执行语句 q=(* --p)++后,变量 q 的值为_____。

三、程序设计题

1. 编写一个 strcmp 函数,实现两个字符串的比较,函数原型为:

int strcmp_1(char * p1,char * p2)

2. 在主函数中输入 10 个等长字符串,用另一个函数对它们排序,然后在主函数输出这 10 个已排好序的字符串。

3. 求字符串的长度,即实现 strlen 函数功能,并在主函数中测试它。

第 9 章

一、选择题

1.有如下说明：

```
typedef  struct  ST
{
    long a；
    int b；
    char c[2]；
}NEW；
```

以下叙述中正确的是(   )。

A. 以上的说明形式非法   B. ST 是一个构造体类型

C. NEW 是一个结构体类型   D. NEW 是一个结构体变量

2.已知：

```
struct person
{
    char name[10]；
    int age；
}class[10]={"LiMing",29,"ZhangHong",21,"WangFang",22}；
```

以下表达式中,值为 72 的是(   )。

A. class[0]->age+class[1]->age+class[2]->age

B. class[1]. name[5]

C. person[1]. name[5]

D. class->name[5]

3.有如下定义：

```
struct ss
{
    char name[10]；
    int age；
    char sex；
}std[3]，* p=std；
```

以下输入语句中错误的是(   )。

A. scanf("%d",&(* p). age)；   B. scanf("%s",& std. name)；

C. scanf("%c",& std[0]. sex)   D. scanf("%c",&(p->sex))；

4.设有以下声明语句：

```
struct ex
{
    int x；float y；char z；
}example；
```

以下叙述中不正确的是( )。

A. struct 是结构体类型的关键字　　　　　　B. example 是结构体类型名

C. x,y,z 都是结构体成员名　　　　　　　　　D. struct ex 是结构体类型

5. 有如下说明和语句：

```
struct st
{
    int n;char * ch;
};
struct st a[3]={5,"abc",7,"def",9,"ghk"},* p=a;
```

则值为 6 的表达式是( )。

A. p++->n　　　　　B. p->n++　　　　　C. (* p). n++　　　　　D. ++p->n

6. 有如下程序：

```
#include<string. h>
struct STU
{
    char name[10];
    int num;
};
void f(char * name,int num)
{
    struct STU s[2]={{"Zhongling",124},{"Niuniu",125}};
    num=s[0]. num;
    strcpy(name,s[0]. name);
}
void main()
{   struct STU s[2]={{"Lining",121},{"Luguang",122}}, * p;
    p=&s[1];   f(p->name,p->num);
    printf("%s %d\n",p->name,p->num);
}
```

程序的输出结果是( )。

A. Zhongling 122　　　B. Niuniu 125　　　　C. Lining 121　　　　D. Luguang 122

7. 如下程序的输出结果是( )。

```
#include<stdio. h>
void main()
{
    union
    {
        int k;
        char i[2];
    } * s,a;
    s=&a;
    s->i[0]=0x39;s->i[1]=0x38;
```

```
    printf("%x\n",s->k);
}
```

A. cccc3839   B. 3938   C. 380039   D. 390038

8. 有如下程序：

```
#include <stdio.h>
main()
{
    char * p, * q;
    p=(char * )malloc(sizeof(char) * 20);q=p;
    scanf("%s %s",p,q);
    printf("%s %s\n",p,q);
}
```

若从键盘输入"abc def<回车>"，则输出结果是(　　)。

A. def def   B. abc def   C. abc d   D. d d

9. 如下程序的输出结果是(　　)。

```
#include<stdio.h>
void main()
{
    union
    {
        int i[2];
        long k;
        char c[4];
    }r, * s=&r;
    s->i[0]=0x39;
    s->i[1]=0x38;
    printf("%c\n",s->c[0]);
}
```

A. 39   B. 9   C. 38   D. 8

10. 有如下程序：

```
void main()
{
    union
    {
        unsigned float n;
        unsigned char c;
    }ul;
    ul.c='A';
    printf("%c\n",ul.n);
}
```

程序的输出结果是(　　)。

A. 产生语法错误   B. 随机值   C. A   D. 65

11. 有以下说明和定义：

typedef int * INTEGER

INTEGER p, * q;

以下叙述中正确的是(　　)。

A. p 是 int 型变量

B. p 是基类型为 int 的指针变量

C. q 是基类型为 int 的指针变量

D. 程序中可用 INTEGER 代替 int 类型名

12. 以下对结构体类型变量的定义中,不正确的是(　　)。

A. typedef struct AA

   {

     int n;

     float m;

   }AA;

   AA td1;

B. ♯ define AA struct aa

   AA{

     int n;

      float m;

   }td1;

C. struct

   {

     int n;

     float m;

   }aa;

   struct aa td1;

D. struct

   {

     int n;

     float m;

   }td1;

13. 有如下程序：

```
struct STU
{
    char name[10];int num;float TotalScore;
};
void f(struct STU * p)
{
    struct STU s[2]={{"Zhongling",122,55},{"Liushuai",145,53}}, * q=s, * t=s;
    t=q;q=p;p=t;
}
void main()
{
    struct STU s[3]={{"Cuiyan",121,70},{"Liguijuan",123,58}};
    f(s);
    printf("%s %d %3.0f\n",s[1].name,s[1].num,s[1].TotalScore);
}
```

程序的输出结果是(　　)。

A. Zhongling 122 55

B. Liushuai 145 53

C. Cuiyan 121 70

D. Liguijuan 123 58

14.有如下程序段：

struct st

{

    int x;int * y;

} * pt;

int a[]={1,2},b[]={3,4};

struct st c[2]={10,a,20,b};

pt=c;

以下选项中表达式的值为 1 的是（   ）。

A. * pt—>y   B. pt—>x

C. ++pt—>x   D. (pt++)—>x

15.有如下说明和定义语句：

struct student

{

    int age;char num{8};

};

struct student stu[3]={{20,"200401"},{21,"200402"},{19,"200403"}};

struct student * p=stu;

以下选项中引用结构体变量成员的表达式错误的是（   ）。

A.(p++)—>num   B. p—>num   C. (* p). num   D. stu[3]. age

16.程序中已构成如下图所示的不带头结点的单向链表结构,指针变量 s、p、q 均已正确定义,并用于指向链表结点,指针变量 s 总是作为头指针指向链表的第一个结点。

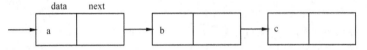

若有如下程序段：

q=s;

s=s—>next;

p=s;

while(p—>next)   p=p—>next;

p—>next=q;

q—>next=NULL;

该程序段实现的功能是（   ）。

A.首结点成为尾结点 B.尾结点成为首结点 C.删除首结点   D.删除尾结点

17.下列关于结构体与共用体的说法中,错误的是（   ）。

A.结构体变量所占内存长度是各成员占的内存长度之和

B.共用体变量所占内存长度是各成员占的内存长度之和

C.共用体变量所占内存长度等于最长成员的长度

D.共用体变量和结构体变量中的所有成员可以是不同数据类型

18.有如下结构体说明和变量定义,指针 p、q、r 分别指向一个链表中的三个连续结点：

struct node

{

```
        int data;
        struct node * next;
} * p, * q, * r;
```

现要将 q 和 r 所指结点的先后位置交换,同时要保持链表的连续,以下错误的程序段是( )。

A. r—>next=q;q—>next=r—>next;p—>next=r;

B. q—>next=r—>next;p—>next=r;r—>next=q;

C. p—>next=r;q—>next=r—>next;r—>next=q;

D. q—>next=r—>next;r—>next=q;p—>next=r;

19.有如下程序:

```
struct STU
{
    char name[10];
    int num;
    int Score;
};
void main()
{
    struct STU s[5]={{"YangSan",20041,703},{"LiSiguo",20042,580},
                     {"WanYin",20043,680},{"SunDan",20044,550},
                     {"PengHua",20045,537}},* p[5],* t;
    int i,j;
    for(i=0;i<5;i++) p[i]&s[i];
    for(i=0;i<4;i++)
        for(j=i+1;j<5;j++)
            if(p[i]—>Score<p[j]—>Score)
                {t=p[i];p[i]=p[j];p[j]=t;}
    printf("%d %d\n",s[1].Score,p[1]—>Score);
}
```

输出结果是( )。

A. 550 550

B. 680 680

C. 580 550

D. 580 680

20.若有如下说明和定义,以下叙述中错误的是( )。

```
union dt
{
    int a;char b;double c;
}data;
```

A. 两个共用体变量之间可以相互赋值

B. 变量 data 所占内存字节数与成员 c 所占字节数相等

C. 程序段:data.a＝5;printf("%f\n",data.c);输出结果为 5.000000

D. 共用体在初始化时只能用第一个成员的类型进行初始化

21. 对于以下结构体,不合法的引用方法是(　　)。

```
typedef  struct
{
    int red;
    int green;
    int blue;
}COLOR;
COLOR a, b[3], * c;
```

A. a. red　　　　　　　　B. b[i]. blue　　　　　　　C. (* c)－>green　　　D. (* c). blue;

二、填空题

1. 若定义一个如下的结构体 struct stu,则对结构体中变量 num 的正确引用方式是_____。

```
struct stu
{
    int num;
    char name[20];
    char sex[8];
}st;
```

2. 如下程序的输出结果是_____。

```
struct NODE
{
    int k;
    struct NODE * k;
};
void main()
{
    struct NODE m[5], * p=m, * q=m+4;
    int i=0;
    while(p!=q)
    {
        p->k=++i;p++;
        q->k=i++;q--;
    }
    q->k=i;
    for(i=o;i<5;i++)printf("%d",m[i]. k);
    printf("\n");
}
```

3. 如下程序的输出结果是_____。

```
typedef union student
{
    char name[10];
    long sno;
    char sex;
    float score[4];
}STU;
main()
{
    STU a[5];
    printf("%d\n",sizeof(a));
}
```

4. 如下程序中函数 fun 的功能是:构成一个如下图所示的带头结点的单向链表,在结点的数据域中放入了具有两个字符的字符串。函数 disp 的功能是显示输出该单链表中所有结点中的字符串。请填空完成函数 disp。

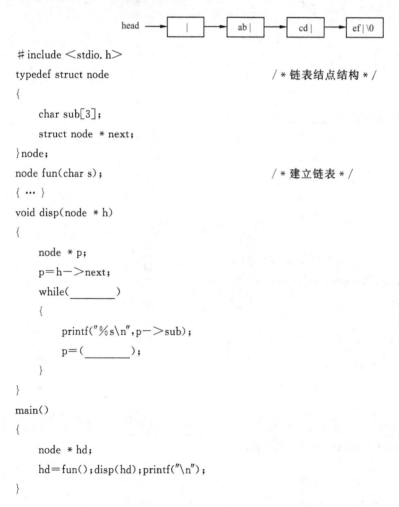

```
#include <stdio.h>
typedef struct node                     /* 链表结点结构 */
{
    char sub[3];
    struct node * next;
}node;
node fun(char s);                       /* 建立链表 */
{ … }
void disp(node * h)
{
    node * p;
    p=h->next;
    while(_____)
    {
        printf("%s\n",p->sub);
        p=(_____);
    }
}
main()
{
    node * hd;
    hd=fun();disp(hd);printf("\n");
}
```

5.已知：

```
union
{
    char c;
    float a;
}test;
```

则 sizeof(test)的值是_____。

三、程序设计题

1.已知学生的记录由学号和学习成绩构成,N 名学生的数据已存入 a 结构体中,给定程序的功能是找出成绩最低的学生记录,通过形参返回主函数。

2.设计程序,要求存在函数 fun,且其功能是:将形参所指结构体数组中年龄最大者的数据作为函数值返回,并在 main 函数中输出。

3.设计程序,要求人员的记录由编号和出生年、月、日构成,N 名人员的数据存在于主函数中且存入结构体数组中,并要求编号唯一。写一个函数 fun 要求其功能是:找出指定编号人员的数据,作为函数值返回,由主函数输出,若指定编号不存在,返回数据中的编号为空串。

4.设计程序,要求学生的记录由学号和成绩组成,N 名学生的数据已在主函数中放入结构体数组中,要求编写出函数 fun,其功能是:把分数最高的学生数据放在 h 所指的数组中。注意:分数最高的学生可能不止一个,函数返回分数最高的学生的人数。

第 10 章

一、选择题

1. 在 C 语言中,编译预处理命令都是以(　　　)符号开头的。

A. ♯ 　　　　　　　　 B. & 　　　　　　　　 C. * 　　　　　　　　 D. @

2. "文件包含"预处理语句的使用形式中,当♯include 后面的文件名用""括起时,寻找被包含的文件的方式为(　　　)。

A. 直接按系统设定的标准方式搜索目录

B. 先在源程序所在目录中搜索,再按系统设定的标准方式搜索

C. 仅仅搜索源程序所在的目录

D. 仅仅搜索当前目录

3. 下列关于 C 语言程序编译的描述中,错误的是(　　　)。

A. 在程序的编译过程中可以发现所有的语法错误

B. 在程序的编译过程中可以发现部分的语法错误

C. 在程序的编译过程中不能发现逻辑错误

D. 程序编译是调试程序的必经过程

4. 以下叙述中错误的是(　　　)。

A. 预处理命令行必须位于源文件的开头

B. 宏替换可以出现在任何一行的开始部位

C. 宏替换的作用一直持续到源文件结尾

D. 宏替换不占用程序的运行时间

5. 以下叙述中正确的是(　　　)。

A. 预处理命令行必须位于源文件的开头

B. 在源文件的一行上可以有多条预处理命令

C. 宏名必须用大写字母表示

D. 宏替换不占用程序的运行时间

6. 有如下程序:

```
♯define S(x) x * x
main()
{
    int a,k=3;
    a=S(k+1);
    printf("a=%d\n",a);
}
```

程序的输出结果为(　　　)。

A. 16 　　　　　　　　 B. 7 　　　　　　　　 C. 9 　　　　　　　　 D. 10

7. 有如下程序：

```
# define N 2
# define M N+1
# define NUM 2 * M+1
void main()
{
    int i;
    for(i=1;i<=NUM;i++)printf("%d\n",i);
}
```

该程序中的 for 循环执行的次数是（　　）。

A. 5　　　　　　　　B. 6　　　　　　　　C. 7　　　　　　　　D. 8

8. 有如下程序：

```
# include<stdio. h>
# define F(X,Y)(X) * (Y)
void main()
{
    int a=3,b=4;
    printf("%d\n",F(++a,b++));
}
```

程序的输出结果是（　　）。

A. 12　　　　　　　B. 15　　　　　　　C. 16　　　　　　　D. 20

9. 有如下程序：

```
# define f(x)x * x
void main()
{
    int i;
    i=f(4+4)/f(2+2);
    printf("%d\n",i);
}
```

程序的输出结果是（　　）。

A. 28　　　　　　　B. 22　　　　　　　C. 16　　　　　　　D. 4

10. 有如下程序：

```
# define Max(a,b)a>b? a:b
void main()
{
    int a=5,b=6,c=4,d;
    d=c+MAX(a,b);
    printf("%d",d);
}
```

程序的输出结果是（　　）。

A. 10　　　　　　　　　　　　　　　　B. 5

C. 6　　　　　　　　　　　　　　　　D. 编译错误

11. 如下程序的输出结果是（　　）。

```
#include<stdio.h>
#define r 16
#if r= =16
void p(int a)
{
    printf("%x",a);
}
#else
void p(int a)
{
    printf("%d",a);
}
#endif
void main()
{
    p(32);
}
```

A. 32　　　　　　　　　　　　　　　　　　B. 20

C. 编译时错误　　　　　　　　　　　　　　D. 运行时错误

12. 有如下程序：

```
#define N 20
fun(int a[],int n,int m)
{
    int i;
    for(i=m;i>n;i--) a[i+1]=a[i];
    return m;
}
void main()
{
    int i,a[N]={1,2,3,4,5,6,7,8,9,10};
    fun(a,0,N/2);
    for(i=0;i<5;i++) printf("%d",a[i]);
}
```

程序的输出结果是（　　）。

A. 10234　　　　　B. 12344　　　　　C. 12334　　　　　D. 12234

二、填空题

1. 预编译处理分为_____、_____、_____。

2. 设有如下宏定义：

```
#define WIDTH 80
#define LENGTH(WIDTH+40)
```

则执行赋值语句：k=LENGTH * 20;（k 为 int 型变量）后，k 的值是_____。

3. 设有如下宏定义：

#define MYSWAP(z,x,y) {z=x;x=y;y=z;}

以上程序段通过宏调用实现变量 a、b 内容交换，请填空。

float a=5,b=13,c;

MYSWAP(_____,a,b);

4. 如果用定义宏的方法求两个数各自加 1 后相乘的结果，请填空。

#define SUM(n,m) (_____)

```
main()
{
    int i=2,j=3;
    printf("%d\n",SUM(i,j));
}
```

5. 如下程序的输出结果是_____。

```
#include<stdio.h>
#define MCRA(m) 2*m
#define MCRB(n,m) 2*MCRA(n)+m
void main()
{
    int i=2,j=3;
    printf("%d\n",MCRB(MCRB(j,j),MCRA(i)));
}
```

6. 如下程序中，for 循环体执行的次数是_____。

```
#define N 2
#define M N+1
#define k M+1*M/2
main()
{
    int i;
    for(i=1;i<k;i++)
    {…}
    …
}
```

第11章

一、选择题

1. 有如下程序：

```
main()
{
    unsigned char a,b,c;
    a=0x3;b=a | 0x8;c=b<<1;
    printf("%d%d\n",b,c);
}
```

程序的输出结果是(　　)。

A. −11 12 　　　　　　　B. −6 −13 　　　　　　C. 12 24 　　　　　　　D. 11 22

2. 如下程序的功能是进行位运算：

```
void main()
{
    unsigned char a,b;
    a=7^3;b=4|3;
    printf("%d %d\n",a,b);
}
```

程序的输出结果是(　　)。

A. 4 3 　　　　　　　　B. 7 3 　　　　　　　　C. 7 0 　　　　　　　　D. 4 7

3. 如下程序的输出结果是(　　)。

```
void main()
{
    int a=4,b=5,c=9;
    if(c^a+b) printf("yes\n");
    else printf("no\n");
}
```

A. yes 　　　　　　　　B. no 　　　　　　　　C. 编译出错 　　　　　D. 无结果

4. 若有下面的程序，则执行后，x 和 y 的值分别是(　　)。

```
int x=1,y=2;
x=x^y;
y=y^x;
x=x^y;
```

A. x=1, y=2 　　　　　B. x=2, y=2 　　　　　C. x=2, y=1 　　　　　D. x=1, y=1

5. 下列运算符中优先级最高的是(　　)。

A. | 　　　　　　　　　B. + 　　　　　　　　　C. ~ 　　　　　　　　　D. &

二、填空题

1. 位操作可以分为两类，一类是_____，一类是_____。

2. 位逻辑运算的四个操作符中，_____操作符的运算对象只有一个。

3. char 型变量 x 中的值用 16 进制表示为 0xA7,表达式 (2+x)(~3) 的值是_____。

4. 若 x=2,y=3,则 x&y 的结果是_____。

5. 设有如下语句：

char x=3,y=6,z;z=x^y<<2;

则 z 的二进制值是_____。

三、程序设计题

1. 编写一个函数 getbits,从一个 16 位的单元中取出某几位(即该机为保留原值,其余位为 0)。函数调用形式为 getbits(value,n1,n2),其中 value 为该 16 位(2 个字节)中的数据值,n1 为预取出的起始位,n2 为预取出的结束位。

例如：

getbits(0101675,5,8)

表示对八进制 101675 这个数,取出它的从左面起第 5 位到第 8 位。

2. 编写一个函数,使给出一个数的原码,能得到该数的补码。

第 12 章

一、选择题

1. 将 C 的库函数中数学函数库的头文件包含到程序之中,应该在程序的头部加上( )。

   A. ♯include ″stdio. h″   B. ♯define ″stdio. h″

   C. ♯include ″math. h″   D. ♯define ″math. h″

2. 将一个文件 file. c 包含到程序中,应该在程序的头部加上( )。

   A. ♯include″file. c″   B. ♯include″FILE. C″

   C. include″file. c″   D. 什么也不加

3. 当顺利执行了文件关闭操作时,fclose 函数的返回值是( )。

   A. −1   B. TRUE   C. 0   D. 1

4. 使用 fgetc 函数,则打开文件的方式必须是( )。

   A. 只写   B. 追加

   C. 读或读/写   D. 答案 B 和 C 都正确

5. 若调用 fputc 函数输出字符成功,则其返回值是( )。

   A. EOF   B. 1   C. 0   D. 输出的字符

6. 以下叙述中正确的是( )。

   A. C 语言中的文件是流式文件,因此只能顺序存取数据

   B. 打开一个已存在的文件并进行了写操作后,原有文件中的全部数据必定覆盖

   C. 在一个程序中当对文件进行了写操作后,必须先关闭该文件然后再打开,才能读到第一个数据

   D. 当对文件的读(写)操作完成之后,必须将它关闭,否则可能导致数据丢失

7. 在 C 语言中标准输入文件 stdin 是指( )。

   A. 键盘   B. 显示器   C. 鼠标   D. 硬盘

8. 系统的标准输出文件 stdout 是指( )。

   A. 键盘   B. 显示器   C. 软盘   D. 硬盘

9. 在高级语言中对文件操作的一般步骤是( )。

   A. 打开文件→操作文件→关闭文件

   B. 操作文件→修改文件→关闭文件

   C. 读写文件→打开文件→关闭文件

   D. 关闭文件→读写文件→关闭文件

10. 要打开一个已经存在的非空文件 file 用于修改,正确的语句是( )。

   A. fp=fopen(″file″,″r″)   B. fp=fopen(″file″,″a+″)

   C. fp=fopen(″file″,″w″)   D. fp=fopen(″file″,″r+″)

11. 若要用 fopen 函数打开一个新的二进制文件,该文件要既能读也要能写,则有文件的打开方式字符串是( )。

   A. ″ab+″   B. ″wb+″   C. ″rb+″   D. ″ab″

12. C 语言可以处理的文件类型是（　　）。

A. 文本文件和数据文件　　　　　　　　　　B. 文本文件和二进制文件

C. 数据文件和二进制文件　　　　　　　　　　D. 以上答案都不完全

13. 若要打开 A 盘上的 user 子目录下名为 abc. txt 的文本文件进行读、写操作，下面符合此要求的函数调用是（　　）。

A. fopen"A：\user\abc. txt"，"r"

B. fopen"A：\\user\\abc. txt"，"r+"

C. fopen"A：\user\abc. txt"，"rb"

D. fopen"A：\\user\\abc. txt"，"w"

14. 以下关于 C 语言文件的操作的结论中，正确的是（　　）。

A. 对文件操作必须先关闭文件

B. 对文件操作必须先打开文件

C. 对文件操作顺序无要求

D. 对文件操作前必须先测文件是否存在，然后再打开文件

15. 以下关于 C 语言数据文件的叙述中正确的是（　　）。

A. 文件由 ASCII 码字符序列组成，C 语言只能读写文本文件

B. 文件由二进制数据序列组成，C 语言只能读写二进制文件

C. 文件由记录序列构成，可按数据的存放形式分为二进制文件和文本文件

D. 文件由数据流形式组成，可按数据的存放形式分为二进制文件和文本文件

16. 设 fp 为指向某二进制文件的指针，且已读到此文件末尾，则函数 feof(fp) 的返回值为（　　）。

A. EOF　　　　　　　B. 非 0 值　　　　　　　C. 0　　　　　　　D. NULL

17. 以下与函数 fseek(ft,0L,SEEK_SET) 有相同作用的是（　　）。

A. feof(fp)　　　　　B. ftell(fp)　　　　　C. fgets(fp)　　　　　D. rewind(fp)

18. 有如下程序：

```
#include<stdio. h>
void writeStr(char * fn,char * str)
{
    FILE * fp;
    fp=fopen(fn,"w");fputs(str,fp);fclose(fp);
}
void main()
{
    writeStr("t1. dat","start");
    writeStr("t1. dat","end");
}
```

程序运行后，文件 t1. dat 中的内容是（　　）。

A. start　　　　　　　B. end　　　　　　　C. startend　　　　　　　D. endrt

19. 以下对于文件的打开方式叙述中，错误的是（　　）。

A. 用"r"方式打开的文件只能读

B. 用"w"方式打开的文件只能向该文件写数据

C. 用"a"方式打开的文件既能读,又可以向该文件写数据

D. 如果不能打开文件,fopen 函数将会带回一个错信息

20. 以下(　　)是 C 语言中文件使用方式中代表为写而打开一个二进制文件。

A. wb   B. w   C. r+   D. rb+

21. 有如下程序:

```
#include<stdio.h>
void main()
{
    FILE * fp;int i;
    char ch[]="abcd",t;
    fp=fopen("abc.dat","wb+");
    for(i=0;i<4;i++) fwrite(&ch[i],2,1,fp);
    fseek(fp,-3L,SEEK_END);
    fread(&t,1,1,fp);
    fclose(fp);
    printf("%c\n",t);
}
```

程序的输出结果是(　　)。

A. d   B. c   C. b   D. a

22. 有如下程序:

```
#include<studio.h>
void main()
{
    FILE * fp;int I,a[4]={1,2,3,4},b;
    fp=fopen("data.dat","wb");
    for(i=0;i<4;i++) fwrite(&a[i],sizeof(int),1,fp);
    floes(fp);
    fp=fopen("data.dat","rb");
    fseek(fp,-2L * sizeof(int),SEEK_END);
    fread(&b,sizeof(int),1,fp);          /* 从文件中读取 sizeof(int)字节的数据到变量 b 中 */
    fclose(fp);
    printf("%d\n",b);
}
```

程序中"fseek(fp,-2L * sizeof(int),SEEK_END);"语句的作用是(　　)。

A. 使位置指针从文件末尾向前移 2 * sizeof(int)字节

B. 使位置指针从文件末尾向前移 2 字节

C. 使位置指针向文件末尾移动 2 * sizeof(int)字节

D. 使位置指针向文件末尾移动 2 字节

23. 执行如下程序后,test.txt 文件的内容是(　　)(若文件能正常打开)。

```
#include<stdio.h>
void main()
{
```

```
FILE * fp;
char * s1="Fortran", * s2="Basic";
if((fp=fopen("e:\test. txt","wb"))==NULL)
    printf("Can't open text. txt file\n");
fwrite(s1,2,1,fp);            /* 把从地址 s1 开始的 7 个字符写到 fp 所指文件中 */
fseek(fp,0L,SEEK_SET);        /* 文件位置指针移到文件开头 */
fwrite(s2,5,1,fp);
fclose(fp);
}
```

A. Basican
B. BasicFortran
C. Basic
D. FortranBasic

24. 以下函数中,可以把整数以二进制形式存放到文件中的函数是(　　)。

A. fprinft 函数　　　　B. fread 函数　　　　C. fwrite 函数　　　　D. fputc 函数

25. 如下程序试图把从终端输入的字符输出到名为 abc. txt 的文件中,直到从终端读入字符♯号时结束输入和输出操作,但程序有错。

```
♯include<stdio. h>
main()
{
    FILE * fout;char ch;
    fout=fopen('abc. txt','w');
    ch=fgetc(stdin);
    while(ch!='♯')
    {
        fputc(ch,fout);
        ch=fgetc(stdin);
    }
    fclose(fout);
}
```

出错的原因是(　　)。

A. 函数 fopen 调用形式有误
B. 输入文件没有关闭
C. 函数 fgetc 调用形式有误
D. 文件指针 stdin 没有定义

二、填空题

1. 若 fp 已正确定义为一个文件指针,d1. dat 为二进制文件,请填空,以"r"方式打开此文件。

fp=fopen(_____)。

2. 如下程序用来统计文件字符的个数,请填空。

```
♯include<stdio. h>
♯include<string>
void mian()
{
    FILE * fp;long num=0;
```

```
        if((fp=fopen("fname.dat","r"))==NULL)
        {
            printf("Open error\n");
            exit(0);
        }
        while(_____)
        {
            fgetc(fp);null++;
        }
        printf("null=%1d\n",null-1);
        fclose(fp);
}
```

3. 已有文本文件 test.txt,其中的内容为:"Hello,everyone!"(","与"everyone"之间没有空格)。如下程序中,文件 test.txt 已正确为"r"而打开,由此文件指针 fr 指向文件,则程序的输出结果是_____。

```
#include<stdio.h>
void main()
{
    FILE * fr,;char str[40];
    …
    fgets(str,8,fr);
    printf("%s\n",str);
    fclose(fr);
}
```

4. 如下程序把从终端读入的文本(用@作为文本结束标志)输出到一个名为 bi.dat 的新文件中,请填空。

```
#include<stdio.h>
FILE * fp;
void main()
{
    char ch;
    if((fp=fopen(_____)==NULL)
        exit(0);
    while((ch=getchar())! ='@'fputc(ch,fp);
    fclose(fp);
}
```

三、程序设计题

1. 编写一个函数,要求该函数的功能是:先以只写方式打开文件 out52.dat,再把自己定义的字符串中的字符保存到这个磁盘文件中。

2. 编写一个函数,要求该函数的功能是把文本文件 B 中的内容追加到文本文件 A 的内容之后。例如,文件 B 的内容为"I'm 12.",文件 A 的内容为"I'm a students!",追加之后文件 A 的内容为"I'm a students! I'm 12."。

第 三 篇

全国计算机等级考试
二级笔试试卷
（C 语言程序设计）

2010年3月全国计算机等级考试二级笔试试卷(C语言程序设计)

一、选择题(1～10、21～40每题2分,11～20每题1分,共70分)

1.下列叙述中正确的是(　　)。

A.对长度为 n 的有序链表进行查找,最坏情况下需要的比较次数为 n

B.对长度为 n 的有序链表进行对分查找,最坏情况下需要的比较次数为(n/2)

C.对长度为 n 的有序链表进行对分查找,最坏情况下需要的比较次数为($\log_2 n$)

D.对长度为 n 的有序链表进行对分查找,最坏情况下需要的比较次数为($n\log_2 n$)

2.算法的时间复杂度是指(　　)。

A.算法的执行时间

B.算法所处理的数据量

C.算法程序中的语句或指令条数

D.算法在执行过程中所需要的基本运算次数

3.软件按功能可以分为:应用软件、系统软件和支撑软件(或工具软件)。下面属于系统软件的是(　　)。

A.编辑软件　　　　　　　　　　　B.操作系统

C.教务管理系统　　　　　　　　　D.浏览器

4.软件(程序)调试的任务是(　　)。

A.诊断和改正程序中的错误　　　　B.尽可能多地发现程序中的错误

C.发现并改正程序中的所有错误　　D.确定程序中错误的性质

5.数据流程图(DFD图)是(　　)。

A.软件概要设计的工具　　　　　　B.软件详细设计的工具

C.结构化方法的需求分析工具　　　D.面向对象方法的需求分析工具

6.软件生命周期可分为定义阶段、开发阶段和维护阶段。详细设计属于(　　)。

A.定义阶段　　　　　　　　　　　B.开发阶段

C.维护阶段　　　　　　　　　　　D.上述三个阶段

7.数据库管理系统中负责数据模式定义的语言是(　　)。

A.数据定义语言　　　　　　　　　B.数据管理语言

C.数据操纵语言　　　　　　　　　D.数据控制语言

8.在学生管理的关系数据库中,存取一个学生信息的数据单位是(　　)。

A.文件　　　　　B.数据库　　　　　C.字段　　　　　D.记录

9.数据库设计中,用 E-R 图来描述信息结构但不涉及信息在计算机中的表示,它属于数据库设计的(　　)。

A.需求分析阶段　　　　　　　　　B.逻辑设计阶段

C.概念设计阶段　　　　　　　　　D.物理设计阶段

10.有两个关系 R 和 T 如下：

R

A	B	C
a	1	2
b	2	2
c	3	2
d	3	2

T

A	B	C
c	3	2
d	3	2

则由关系 R 得到关系 T 的操作是（　　　）。

A. 选择　　　　　　　B. 投影　　　　　　C. 交　　　　　　D. 并

11.以下叙述正确的是（　　　）。

A.C 语言程序是由过程和函数组成的

B.C 语言函数可以嵌套调用,例如:fun(fun(x))

C.C 语言函数不可以单独编译

D.C 语言中除了 main 函数,其他函数不可作为单独文件形式存在

12.以下关于 C 语言的叙述中正确的是（　　　）。

A.C 语言中的注释不可以夹在变量名或关键字的中间

B.C 语言中的变量可以在使用之前的任何位置进行定义

C.在 C 语言算术表达式的书写中,运算符两侧的运算数类型必须一致

D.C 语言的数值常量中夹带空格不影响常量值的正确表示

13.以下 C 语言用户标识符中,不合法的是（　　　）。

A. _1　　　　　　　B. AaBc　　　　　　C.a_b　　　　　　D. a——b

14.若有定义:double a＝22;int i＝0,k＝18;,则不符合 C 语言规定的赋值语句是（　　　）。

A.a＝a＋＋,i＋＋;　　　　　　　　B.i＝(a+k)<=(i+k);

C.i＝a%11;　　　　　　　　　　　D.i＝!a;

15.有以下程序

```
#include<stdio.h>
main()
{
    char a,b,c,d;
    scanf("%c%c",&a,&b);
    c=getchar();d=getchar();
    printf("%c%c%c%c\n",a,b,c,d);
}
```

当执行程序时,按下列方式输入数据(从第一列开始,"CR"代表回车,注意回车也是一个字符):

12(CR)

34(CR)

则输出结果是（　　　）。

A. 1234　　　　　　B. 12　　　　　　C. 12　　　　　　D. 12

　　　　　　　　　　　　　　　　　　3　　　　　　34

16. 以下关于 C 语言数据类型使用的叙述中错误的是( )。

A. 若要准确无误差的表示自然数,应使用整数类型

B. 若要保存带有多位小数的数据,应使用双精度类型

C. 若要处理如"人员信息"等含有不同类型的相关数据,应自定义结构体类型

D. 若只处理"真"和"假"两种逻辑值,应使用逻辑类型

17. 若 a 是数值类型,则逻辑表达式(a==1)||(a!=1)的值是( )。

A. 1   B. 0

C. 2   D. 不知道 a 的值,不能确定

18. 以下选项中与 if(a==1)a=b;else a++;语句功能不同的 switch 语句是( )。

A. switch(a)
```
{
    case:a=b;break;
    default:a++;
}
```

B. switch(a==1)
```
{
    case 0:a=b;break;
    case 1:a++;
}
```

C. switch(a)
```
{
    default:a++;break;
    case 1:a=b;
}
```

D. switch(a==1)
```
{
    case 1:a=b;break;
    case 0:a++;
}
```

19. 有如下嵌套的 if 语句
```
if (a<b)
    if(a<c) k=a;
    else k=c;
else
    if(b<c) k=b;
    else k=c;
```
以下选项中与上述 if 语句等价的语句是( )。

A. k=(a<b)? a:b;k=(b<c)? b:c;

B. k=(a<b)? ((b<c)? b:c):((b>c)? b:c);

C. k=(a<b)? ((a<c)? a:c):((b<c)? b:c);

D. k=(a<b)? a:b;k=(a<c)? a:c;

20. 有以下程序

```
#include<stdio.h>
main()
{
    int i,j,m=1;
    for(i=1;i<3;i++)
    {
        for(j=3;j>0;j--)
        {
            if(i*j>3)break;
            m*=i*j;
        }
    }
    printf("m=%d\n",m);
}
```

程序运行后的输出结果是(   )。

A. m=6 　　　　　　　B. m=2 　　　　　C. m=4 　　　　　　D. m=5

21. 有以下程序

```
#include<stdio.h>
main()
{
    int a=1;b=2;
    for(;a<8;a++) { b+=a;a+=2;}
    printf("%d,%d\n",a,b);
}
```

程序运行后的输出结果是(   )。

A. 9,18 　　　　　　　B. 8,11 　　　　　C. 7,11 　　　　　　D. 10,14

22. 有以下程序,其中 k 的初值为八进制数

```
#include<stdio.h>
main()
{
    int k=011;
    printf("%d\n",k++);
}
```

程序运行后的输出结果是(   )。

A. 12 　　　　　　　　B. 11 　　　　　　C. 10 　　　　　　　D. 9

23. 下列语句组中,正确的是(   )。

A. char * s;s="Olympic"; 　　　　　　B. char s[7];s="Olympic";

C. char * s;s={"Olympic"}; 　　　　　D. char s[7];s={"Olympic"};

24. 以下关于 return 语句的叙述中正确的是（　　）。

A. 一个自定义函数中必须有一条 return 语句

B. 一个自定义函数中可以根据不同情况设置多条 return 语句

C. 定义成 void 类型的函数中可以有带返回值的 return 语句

D. 没有 return 语句的自定义函数在执行结束时不能返回到调用处

25. 下列选项中，能正确定义数组的语句是（　　）。

A. int num[0..2008];　　　　　　　　　　B. int num[];

C. int N=2008;　　　　　　　　　　　　　D. ♯define N 2008

　　int num[N];　　　　　　　　　　　　　　int num[N];

26. 有以下程序

```
♯include<stdio. h>
void fun(char * c,int d)
{
    * c= * c+1;d=d+1;
    printf("%c,%c,", * c,d);
main()
{
    char b='a',a='A';
    fun(&b,a);printf("%c,%c\n",b,a);
}
```

程序运行后的输出结果是（　　）。

A. b,B,b,A　　　　　　B. b,B,B,A　　　　　　C. a,B,B,a　　　　　　D. a,B,a,B

27. 若有定义 int(* pt)[3];,则下列说法正确的是（　　）。

A. 定义了基类型为 int 的三个指针变量

B. 定义了基类型为 int 的具有三个元素的指针数组 pt

C. 定义了一个名为 * pt、具有三个元素的整型数组

D. 定义了一个名为 pt 的指针变量，它可以指向每行有三个整数元素的二维数组

28. 设有定义 double a[10], * s=a;,以下能够代表数组元素 a[3]的是（　　）。

A. (* s)[3]　　　　　B. * (s+3)　　　　　C. * s[3]　　　　　D. * s+3

29. 有以下程序

```
♯include<stdio. h>
main()
{
    int a[5]={1,2,3,4,5},b[5]={0,2,1,3,0},i,s=0;
    for(i=0;i<5;i++) s=s+a[b];
    printf("%d\n", s);
}
```

程序运行后的输出结果是（　　）。

A. 6　　　　　　　　　B. 10　　　　　　　　C. 11　　　　　　　　D. 15

30. 有以下程序

```c
# include<stdio. h>
main()
{
    int b [3][3]={0,1,2,0,1,2,0,1,2},i,j,t=1;
    for(i=0;i<3;i++)
    for(j=i;j<=1;j++) t+=b[i][b[j][i]];
    printf("%d\n",t);
}
```

程序运行后的输出结果是(   )。

A. 1   B. 3   C. 4   D. 9

31. 若有以下定义和语句

```c
char s1[10]="abcd!",* s2="\n123\\";
printf("%d %d\n", strlen(s1),strlen(s2));
```

则输出结果是(   )。

A. 5 5   B. 10 5   C. 10 7   D. 5 8

32. 有以下程序

```c
# include<stdio. h>
# define N 8
void fun(int * x,int i)
{ * x= * (x+i);}
main()
{
    int a[N]={1,2,3,4,5,6,7,8},i;
    fun(a,2);
    for(i=0;i<N/2;i++)
    {printf("%d",a[i]);}
    printf("\n");
}
```

程序运行后的输出结果是(   )。

A. 1 3 1 3   B. 2 2 3 4
C. 3 2 3 4   D. 1 2 3 4

33. 有以下程序

```c
# include<stdio. h>
int f(int t[],int n);
main()
{
    int a[4]={1,2,3,4},s;
    s=f(a,4);printf("%d\n",s);
}
int f(int t[],int n)
{
```

```
       if(n>0) return t[n-1]+f(t,n-1);
       else return 0;
  }
```

程序运行后的输出结果是(　　)。

A. 4   B. 10

C. 14   D. 6

34. 有以下程序

```
  #include<stdio.h>
  int fun()
  {
      static int x=1;
      x*=2;return x;
  }
  main()
  {
      int i,s=1;
      for(i=1;i<=2;i++) s=fun();
      printf("%d\n",s);
  }
```

程序运行后的输出结果是(　　)。

A. 0   B. 1

C. 4   D. 8

35. 有以下程序

```
  #include<stdio.h>
  #define SUB(a)  (a)-(a)
  main()
  {
      int a=2,b=3,c=5,d;
      d=SUB(a+b)*c;
      printf("%d\n",d);
  }
```

程序运行后的输出结果是(　　)。

A. 0   B. -12   C. -20   D. 10

36. 设有以下定义

```
  struct complex
  {int real,unreal;} data1={1,8},data2;
```

则以下赋值语句中错误的是(　　)。

A. data2=data1;

B. data2=(2,6);

C. data2.real=data1.real;

D. data2.real=data1.unreal;

37. 有以下程序

```
#include<stdio.h>
#include<string.h>
struct A
{
    int a;char b[10];double c;
};
void f(struct A t)
main()
{
    struct A a={1001,"ZhangDa",1098.0};
    f(a);printf("%d,%s,%6.1f\n",a.a,a.b,a.c);
}
void f(struct A t)
{t.a=1002;strcpy(t.b,"ChangRong");t.c=1202.0;}
```

程序运行后的输出结果是(　　)。

A. 1001,ZhangDa,1098.0

B. 1002,ChangRong,1202.0

C. 1001,ChangRong,1098.0

D. 1002,ZhangDa,1202.0

38. 有以下定义和语句

```
struct workers
{
    int num;char name[20];char c;
    struct
    {int day;int month;int year;} s;
};
struct workers w, * pw;
pw=&w;
```

能给 w 中 year 成员赋 1980 的语句是(　　)。

A. * pw.year=1980;

B. w.year=1980;

C. pw->year=1980;

D. w.s.year=1980;

39. 有以下程序

```
#include<stdio.h>
main()
{
    int a=2,b=2,c=2;
    printf("%d\n",a/b&c);
}
```

程序运行后的输出结果是(　　)。

A. 0   B. 1   C. 2   D. 3

40. 有以下程序

```
#include<stdio.h>
main()
{
    FILE * fp;char str[10];
    fp=fopen("myfile.dat","w");
    fputs("abc",fp);fclose(fp);
    fp=fopen("myfile.dat","a+");
    fprintf(fp,"%d",28);
    rewind(fp);
    fscanf(fp,"%s",str);puts(str);
    fclose(fp);
}
```

程序运行后的输出结果是(   )。

A. abc
B. 28c
C. abc28
D. 因类型不一致而出错

二、填空题(每空 2 分,共 30 分)

1. 一个队列的初始状态为空。现将元素 A,B,C,D,E,F,5,4,3,2,1 依次入队,然后再依次退队,则元素退队的顺序为　【1】　。

2. 设某循环队列的容量为 50,如果头指针 front=45(指向队头元素的前一位置),尾指针 rear=10(指向队尾元素),则该循环队列中共有　【2】　个元素。

3. 设二叉树如下:

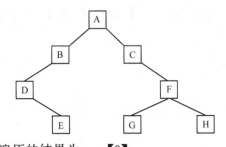

对该二叉树进行后序遍历的结果为　【3】　。

4. 软件是　【4】　、数据和文档的集合。

5. 有一个学生选课的关系,其中学生的关系模式为:学生(学号,姓名,班级,年龄),课程的关系模式为:课程(课号,课程名,学时),其中两个关系模式的键分别是学号和课号,则关系模式选课可定义为:选课(学号,　【5】　,成绩)。

6. 设 x 为 int 型变量,请写出一个关系表达式　【6】　,用以判断 x 同时为 3 和 7 的倍数时,关系表达式的值为真。

7. 有以下程序

```
#include<stdio.h>
main()
{
```

```
    int a=1,b=2,c=3,d=0;
    if(a==1)
        if(b!=2)
            if(c==3) d=1;
            else d=2;
        else if(c!=3) d=3;
            else d=4;
    else d=5;
    printf("%d\n",d);
}
```

程序运行后的输出结果是_____【7】_____。

8. 有以下程序

```
# include<stdio. h>
main()
{
    int m,n;
    scanf("%d%d",&m,&n);
    while(m!=n)
    {
        while(m>n) m=m-n;
        while(m<n) n=n-m;
    }
    printf("%d\n",m);
}
```

程序运行后,当输入 14 63 <回车> 时,输出结果是_____【8】_____。

9. 有以下程序

```
# include<stdio. h>
main()
{
    int i,j,a[][3]={1,2,3,4,5,6,7,8,9};
    for(i=0;i<3;i++)
        for(j=i;j<3;j++) printf("%d",a[i][j]);
    printf("\n");
}
```

程序运行后的输出结果是_____【9】_____。

10. 有以下程序

```
# include<stdio. h>
main()
{
    int a[]={1,2,3,4,5,6},* k[3],i=0;
    while(i<3)
    {
        k=&a[2*i];
```

```
        printf("%d", * k[i]);
        i++;
    }
}
```

程序运行后的输出结果是 ____【10】____ 。

11. 有以下程序

```
# include<stdio.h>
main()
{
    int a[3][3]={{1,2,3},{4,5,6},{7,8,9}};
    int b[3]={0},i;
    for(i=0;i<3;i++) b=a[i][2]+a[2][i];
    for(i=0;i<3;i++) printf("%d",b[i]);
    printf("\n");
}
```

程序运行后的输出结果是 ____【11】____ 。

12. 有以下程序

```
# include<stdio.h>
# include<string.h>
void fun(char * str)
{
    char temp;int n,i;
    n=strlen(str);
    temp=str[n-1];
    for(i=n-1;i>0;i--) str[i]=str[i-1];
    str[0]=temp;
}
main()
{
    char s[50];
    scanf("%s",s);fun(s);printf("%s\n",s);
}
```

程序运行后输入:abcdef<回车>,则输出结果是 ____【12】____ 。

13. 以下程序的功能是:将值为三位正整数的变量 x 中的数值按照个位、十位、百位的顺序拆分并输出。请填空。

```
# include<stdio.h>
main()
{
    int x=256;
    printf("%d-%d-%d\n", ____【13】____ ,x/10%10,x/100);
}
```

14. 以下程序用以删除字符串所有的空格,请填空。

```
# include<stdio.h>
main()
{
```

```
char s[100]={"Our teacher teach C language!"};int i,j;
for(i=j=0;s!='\0';i++)
    if(s!=' ') {s[j]=s[i];j++;}
s[j]=        【14】
printf("%s\n",s);
}
```

15. 以下程序的功能是：借助指针变量找出数组元素中的最大值及其元素的下标值。请填空。

```
#include<stdio.h>
main()
{
    int a[10], * p, * s;
    for(p=a;p-a<10;p++) scanf("%d",p);
    for(p=a,s=a;p-a<10;p++) if( * p> * s) s=      【15】      ;
    printf("index=%d\n",s-a);
}
```

2010年9月全国计算机等级考试二级笔试试卷(C语言程序设计)

一、选择题(1~10、21~40每题2分,11~20每题1分,共70分)

1.下列叙述中正确的是(   )。

A.线性表的链式存储结构与顺序存储结构所需要的存储空间是相同的

B.线性表的链式存储结构所需要的存储空间一般要多于顺序存储结构

C.线性表的链式存储结构所需要的存储空间一般要少于顺序存储结构

D.上述三种说法都不对

2.下列叙述中正确的是(   )。

A.在栈中,栈中元素随栈底指针与栈顶指针的变化而动态变化

B.在栈中,栈顶指针不变,栈中元素随栈底指针的变化而动态变化

C.在栈中,栈底指针不变,栈中元素随栈顶指针的变化而动态变化

D.上述三种说法都不对

3.软件测试的目的是(   )。

A.评估软件可靠性   B.发现并改正程序中的错误

C.改正程序中的错误   D.发现程序中的错误

4.下面描述中,不属于软件危机表现的是(   )。

A.软件过程不规范   B.软件开发生产率低

C.软件质量难以控制   D.软件成本不断提高

5.软件生命周期是指(   )。

A.软件产品从提出、实现、使用维护到停止使用退役的过程

B.软件从需求分析、设计、实现到测试完成的过程

C.软件的开发过程

D.软件的运行维护过程

6.面向对象方法中,继承是指(   )。

A.一组对象所具有的相似性质   B.一个对象具有另一个对象的性质

C.各对象之间的共同性质   D.类之间共享属性和操作的机制

7.层次型、网状型和关系型数据库划分原则是(   )。

A.记录长度   B.文件的大小

C.联系的复杂程度   D.数据之间的联系方式

8.一个工作人员可以使用多台计算机,而一台计算机可被多个人使用,则实体工作人员与实体计算机之间的联系是(   )。

A.一对一   B.一对多

C.多对多   D.多对一

9.数据库设计中反映用户对数据要求的模式是(   )。

A.内模式   B.概念模式

C.外模式   D.设计模式

10.有三个关系 R、S 和 T 如下：

R		
A	B	C
a	1	2
b	2	1
c	3	1

S	
A	D
c	4

T			
A	B	C	D
c	3	1	4

则由关系 R 和 S 得到关系 T 的操作是(　　　　)。

A. 自然连接　　　　　　B. 交　　　　　　　　C. 投影　　　　　　　　D. 并

11.以下关于结构化程序设计的叙述中正确的是(　　　　)。

A.一个结构化程序必须同时由顺序、分支、循环三种结构组成

B.结构化程序使用 goto 语句会很便捷

C.在 C 语言中,程序的模块化是利用函数实现的

D.由三种基本结构构成的程序只能解决小规模的问题

12.以下关于简单程序设计的步骤和顺序的说法中正确的是(　　　　)。

A.确定算法后,整理并写出文档,最后进行编码和上机调试

B.首先确定数据结构,然后确定算法,再编码,并上机调试,最后整理文档

C.先编码和上机调试,在编码过程中确定算法和数据结构,最后整理文档

D.先写好文档,再根据文档进行编码和上机调试,最后确定算法和数据结构

13.以下叙述中错误的是(　　　　)。

A.C 语言程序在运行过程中所有计算都以二进制方式进行

B.C 语言程序在运行过程中所有计算都以十进制方式进行

C.所有 C 语言程序都需要编译链接无误后才能运行

D.C 语言程序中整型变量只能存放整数,实型变量只能存放浮点数

14.有以下定义:int a; long b; double x,y;则以下选项中正确的表达式是(　　　　)。

A. a%(int)(x−y)　　　　　　　　　　B. a=x! =y

C. (a * y)%b　　　　　　　　　　　　D. y=x+y=x

15.以下选项中能表示合法常量的是(　　　　)。

A. 整数:1,200　　　　　　　　　　　B. 实数:1.5E2.0

C. 字符斜杠:'\'　　　　　　　　　　 D. 字符串:"\007"

16.表达式 a+=a−=a=9 的值是(　　　　)。

A. 9　　　　　　　　B. −9　　　　　　　　C. 18　　　　　　　　D. 0

17.若变量已正确定义,在 if(W)printf("%d\n",k);中,以下不可替代 W 的是(　　　　)。

A. a<>b+c　　　　　B. ch=getchar()　　　C. a==b+c　　　　　D. a++

18.有以下程序

```
#include<stdio.h>
main()
{
    int a=1,b=0;
    if(!a) b++;
```

```
    else if(a==0) if(a)b+=2;
    else b+=3;
    printf("%d\n",b);
}
```

程序运行后的输出结果是（   ）。

A. 0   B. 1   C. 2   D. 3

19. 若有定义语句 int a,b;double x;,则下列选项中没有错误的是（   ）。

A. switch(x%2)

```
    {
        case 0:a++;break;
        case 1:b++;break;
        default:a++;b++;
    }
```

B. switch((int)x/2.0)

```
    {
        case 0:a++;break;
        case 1:b++;break;
        default:a++;b++;
    }
```

C. switch((int)x%2)

```
    {
        case 0:a++;break;
        case 1:b++;break;
        default:a++;b++;
    }
```

D. switch((int)(x)%2)

```
    {
        case 0.0:a++;break;
        case 1.0:b++;break;
        default:a++;b++;
    }
```

20. 有以下程序

```
#include<stdio.h>
main()
{
    int a=1,b=2;
    while(a<6){b+=a;a+=2;b%=10;}
    printf("%d,%d\n",a,b);
}
```

程序运行后的输出结果是（   ）。

A. 5,11   B. 7,1   C. 7,11   D. 6,1

21. 有以下程序

```
#include<stdio.h>
main()
{
    int y=10;
    while(y--);
    printf("y=%d\n",y);
}
```

程序执行后的输出结果是（   ）。

A. y=0   B. y=-1

C. y=1   D. while 构成无限循环

22. 有以下程序

```
#include<stdio.h>
main()
{
    char s[]="rstuv";
    printf("%c\n",*s+2);
}
```

程序运行后的输出结果是(　　　)。

A. tuv
B. 字符 t 的 ASCII 码值
C. t
D. 出错

23. 有以下程序

```
#include<stdio.h>
#include<string.h>
main()
{
    char x[]="STRING";
    x[0]=0;x[1]='\0';x[2]='0';
    printf("%d   %d\n",sizeof(x),strlen(x));
}
```

程序运行后的输出结果是(　　　)。

A. 6　1
B. 7　0
C. 6　3
D. 7　1

24. 有以下程序

```
#include<stdio.h>
int f(int x);
main()
{
    int n=1,m;
    m= f(f(f(n)));printf("%d\n",m);
}
int f(int x)
{return x*2;}
```

程序运行后的输出结果是(　　　)。

A. 1
B. 2
C. 4
D. 8

25. 以下程序段完全正确的是(　　　)。

A. int * p;scanf("%d",&p);

B. int * p;scanf("%d",p);

C. int k,* p=&k;scanf("%d",p);

D. int k,* p;;* p=&k;scanf("%d",p);

26. 有定义语句:int * p[4];,以下选项中与此语句等价的是(　　　)。

A. int p[4];
B. int * * p;

C. int * (p[4]);
D. int (* p)[4];

27.下列定义数组的语句中,正确的是(   )。

A. int N＝10;   B. ♯define N 10

　 int x[N];   　 int x[N];

C. int x[0..10];   D. int x[];

28.若要定义一个具有5个元素的整型数组,以下错误的定义语句是(   )。

A. int a[5]＝{0};   B. int b[]＝{0,0,0,0,0};

C. int c[2＋3];   D. int i＝5,d[i];

29.有以下程序

```
#include<stdio.h>
void f(int * p);
main()
{
    int a[5]={1,2,3,4,5}, * r=a;
    f(r);printf("%d\n", * r);
}
void f(int * p)
{ p=p+3;printf("%d,", * p);}
```

程序运行后的输出结果是(   )。

A.1,4   B.4,4   C.3,1   D.4,1

30.有以下程序(函数 fun 只对下标为偶数的元素进行操作)

```
#include<stdio.h>
void fun(int * a;int n)
{
    int i,j,k,t;
    for(i=0;i<n-1;i+=2)
    {
        k=i;
        for(j=i;j<n;j+=2) if(a[j]>a[k])k=j;
        t=a[i];a[i]=a[k];a[k]=t;
    }
}
main()
{
    int aa[10]={1,2,3,4,5,6,7},i;
    fun(aa,7);
    for(i=0;i<7;i++) printf("%d,",aa[i]);
    printf("\n");
}
```

程序运行后的输出结果是(   )。

A.7,2,5,4,3,6,1   B.1,6,3,4,5,2,7

C.7,6,5,4,3,2,1   D.1,7,3,5,6;2,1

31. 下列选项中,能够满足"若字符串 s1 等于字符串 s2,则执行 ST"要求的是（　　）。

A. if(strcmp(s2,s1)==0)ST;　　　　　　B. if(s1==s2)ST;

C. if(strcpy(s1,s2)==1)ST;　　　　　　D. if(s1-s2==0)ST;

32. 以下不能将 s 所指字符串正确复制到 t 所指存储空间的是（　　）。

A. while(*t=*s){t++;s++;}

B. for(i=0;t[i]=s[i];i++);

C. do{*t++=*s++;}while(*s);

D. for(i=0,j=0;t[i++]=s[j++];);

33. 有以下程序（strcat 函数用以连接两个字符串）

```
#include<stdio.h>
#include<string.h>
main()
{
    char a[20]="ABCD\0EFG\0",b[]="IJK";
    strcat(a,b);printf("%s\n",a);
}
```

程序运行后的输出结果是（　　）。

A. ABCDE\OFG\OIJK　　　　　　B. ABCDIJK

C. IJK　　　　　　D. EFGIJK

34. 有以下程序,程序中库函数 islower(ch)用以判断 ch 中的字母是否为小写字母

```
#include<stdio.h>
#include<ctype.h>
void fun(char * p)
{
    int i=0;
    while(p[i])
    {
        if(p[i]==' '&&islower(p[i-1]))p[i-1]=p[i-1]-'a'+'A';
        i++;
    }
}
main()
{
    char s1[100]="ab cd EFG !";
    fun(s1);
    printf("%s\n",s1);
}
```

程序运行后的输出结果是（　　）。

A. ab　cd　EFG！　　　　　　B. Ab　Cd　EFg！

C. aB　cD　EFG！　　　　　　D. ab　cd　EFg！

35. 有以下程序

```c
#include<stdio.h>
void fun(int x)
{
    if(x/2>1)fun(x/2);
    printf("%d",x);
}
main()
{fun7.;printf("\n");}
```

程序运行后的输出结果是( )。

A. 1 3 7   B. 7 3 1   C. 7 3   D. 3 7

36. 有以下程序

```c
#include<stdio.h>
int fun()
{
    static int x=1;
    x+=1;return x;
}
main()
{
    int i;s=1;
    for(i=1;i<=5;i++)s+=fun();
    printf("%d\n",s);
}
```

程序运行后的输出结果是( )。

A. 11   B. 21   C. 6   D. 120

37. 有以下程序

```c
#include<stdio.h>
#include<stdlib.h>
main()
{
    int *a,*b,*c;
    a=b=c=(int *)malloc(sizeof(int));
    *a=1;*b=2;*c=3;
    a=b;
    printf("%d,%d,%d\n",*a,*b,*c);
}
```

程序运行后的输出结果是( )。

A. 3,3,3   B. 2,2,3   C. 1,2,3   D. 1,1,3

38. 有以下程序

```c
#include<stdio.h>
main()
```

```
{
    int s,t,A=10;double B=6;
    s=sizeof(A);t=sizeof(B);
    printf("%d,%d\n",s,t);
}
```

在 VC++ 6.0 平台上编译运行,程序运行后的输出结果是(   )。

A. 2,4   B. 4,4   C. 4,8   D. 10,6

39.若有以下语句

```
typedef struct S
{int g;char h;}T;
```

以下叙述中正确的是(   )。

A. 可用 S 定义结构体变量   B. 可用 T 定义结构体变量

C. S 是 struct 类型的变量   D. T 是 struct S 类型的变量

40.有以下程序

```
#include<stdio.h>
main()
{
    short c=124;
    c=c _____;
    printf("%d\n",c);
}
```

若要使程序的运行结果为 248,应在下画线处填入的是(   )。

A. >>2   B. |248   C. &0248   D. <<1

二、填空题(每空 2 分,共 30 分)

1.一个栈的初始状态为空。首先将元素 5,4,3,2,1 依次入栈,然后退栈一次,再将元素 A,B,C,D 依次入栈,之后将所有元素全部退栈,则所有元素退栈(包括中间退栈的元素)的顺序为 ___【1】___。

2.在长度为 n 的线性表中,寻找最大项至少需要比较 ___【2】___ 次。

3.一棵二叉树有 10 个度为 1 的结点,7 个度为 2 的结点,则该二叉树共有 ___【3】___ 个结点。

4.仅由顺序、选择(分支)和重复(循环)结构构成的程序是___【4】___程序。

5.数据库设计的四个阶段是:需求分析、概念设计、逻辑设计和 ___【5】___ 阶段。

6.以下程序运行后的输出结果是 ___【6】___。

```
#include<stdio.h>
main()
{
    int a=200,b=010;
    printf("%d%d\n",a,b);
}
```

7.有以下程序

```
#include<stdio.h>
main()
```

```
{
    int x,y;
    scanf("%2d%1d",&x,&y);printf("%d\n",x+y);
}
```

程序运行时输入:1234567,程序运行后的输出结果是___【7】___。

8. 在 C 语言中,当表达式值为 0 时表示逻辑值"假",当表达式值为___【8】___时表示逻辑值"真"。

9. 有以下程序
```
#include<stdio.h>
main()
{
    int i,n[]={0,0,0,0,0};
    for(i=1;i<=4;i++)
    {
        n[i]=n[i-1]*3+1;
        printf("%d",n[i]);
    }
}
```

程序运行后的输出结果是___【9】___。

10. 以下 fun 函数的功能是:找出具有 N 个元素的一维数组中的最小值,并作为函数值返回。请填空(设 N 已定义)。
```
int fun(int x[N])
{
    int i,k=0;
    for(i=0;i<N;i++)
    if(x[i]<x[k])   k=___【10】___;
    return x[k];
}
```

11. 有以下程序
```
#include<stdio.h>
int *f(int *p,int *q);
main()
{
    int m=1,n=2,*r=&m;
    r=f(r,&n);printf("%d\n",*r);
}
int *f(int *p,int *q)
{ return(*p>*q)? p:q; }
```
程序运行后的输出结果是___【11】___。

12. 以下 fun 函数的功能是:在 N 行 M 列的整型二维数组中,选出一个最大值作为函数值返回。请填空(设 M、N 已定义)。
```
int fun(int a[N][M])
{
    int i,j,row=0,col=0;
```

```
        for(i=0;i<N;i++)
            for(j=0;j<M;j++)
                if(a[i][j]>a[row][col])
                    {row=i;col=j;}
        return(____【12】____);
}
```

13. 有以下程序

```
#include<stdio.h>
main()
{
    int n[2],i,j;
    for(i=0;i<2;i++)n[i]=0;
    for(i=0;i<2;i++)
        for(j=0;j<2;j++) n[j]=n[i]+1;
    printf("%d\n",n[1]);
}
```

程序运行后的输出结果是 ____【13】____ 。

14. 以下程序的功能是:借助指针变量找出数组元素中最大值所在的位置并输出该最大值。请在输出语句中填写代表最大值的输出项。

```
#include<stdio.h>
main()
{
    int a[10], * p, * s;
    for(p=a;p-a<10;p++) scanf("%d",p);
    for(p=a,s=a;p-a<10;p++) if( * p> * s)s=p;
    printf("max=%d\n",____【14】____);
}
```

15. 以下程序打开新文件 f.txt,并调用字符输出函数将 a 数组中的字符写入其中,请填空。

```
#include<stdio.h>
main()
{
    ____【15】____ * fp;
    char a[5]={'1','2','3','4','5'},i;
    fp=fopen("f.txt","w");
    for(i=0;i<5;i++) fputc(a[i],fp);
    fclose(fp);
}
```

2011年3月全国计算机等级考试二级笔试试卷(C语言程序设计)

一、选择题(1～10、21～40每题2分,11～20每题1分,共70分)

1.下列关于栈叙述正确的是(   )。

A.栈顶元素最先能被删除　　　　　　　B.栈顶元素最后才能被删除

C.栈底元素永远不能被删除　　　　　　D.以上三种说法都不对

2.下列叙述中正确的是(   )。

A.有一个以上根结点的数据结构不一定是非线性结构

B.只有一个根结点的数据结构不一定是线性结构

C.循环链表是非线性结构

D.双向链表是非线性结构

3.某二叉树共有7个结点,其中叶子结点只有1个,则该二叉树的深度为(假设根结点在第1层)(   )。

A.3　　　　　　　　　B.4　　　　　　　　　C.6　　　　　　　　　D.7

4.在软件开发中,需求分析阶段产生的主要文档是(   )。

A.软件集成测试计划　　　　　　　　　B.软件详细设计说明书

C.用户手册　　　　　　　　　　　　　D.软件需求规格说明书

5.结构化程序所要求的基本结构不包括(   )。

A.顺序结构　　　　　　　　　　　　　B.goto跳转

C.选择(分支)结构　　　　　　　　　　D.重复(循环)结构

6.下面描述中错误的是(   )。

A.系统总体结构图支持软件系统的详细设计

B.软件设计是将软件需求转换为软件表示的过程

C.数据结构与数据库设计是软件设计的任务之一

D.PAD图是软件详细设计的表示工具

7.负责数据库中查询操作的数据库语言是(   )。

A.数据定义语言　　　　　　　　　　　B.数据管理语言

C.数据操纵语言　　　　　　　　　　　D.数据控制语言

8.一个教师可讲授多门课程,一门课程可由多个教师讲授。则实体教师和课程间的联系是(   )。

A.1：1联系　　　　B.1：m联系　　　　C.m：1联系　　　　D.m：n联系

9.有三个关系R、S和T如下:

	R				S				T
A	B	C		A	B				C
a	1	2		c	3				1
b	2	1							
c	3	1							

则由关系 R 和 S 得到关系 T 的操作是（　　）。

    A. 自然连接　　　　　　B. 交　　　　　　　C. 除　　　　　　　　D. 并

10. 定义无符号整数类为 UInt,下面可以作为类 UInt 实例化值的是（　　）。

    A. -369　　　　　　　　　　　　　B. 369

    C. 0. 369　　　　　　　　　　　　　D. 整数集合$\{1,2,3,4,5\}$

11. 计算机高级语言程序的运行方法有编译执行和解释执行两种,以下叙述中正确的是（　　）。

    A. C 语言程序仅可以编译执行

    B. C 语言程序仅可以解释执行

    C. C 语言程序既可以编译执行又可以解释执行

    D. 以上说法都不对

12. 以下叙述中错误的是（　　）。

    A. C 语言的可执行程序是由一系列机器指令构成的

    B. 用 C 语言编写的源程序不能直接在计算机上运行

    C. 通过编译得到的二进制目标程序需要连接才可以运行

    D. 在没有安装 C 语言集成开发环境的机器上不能运行 C 语言源程序生成的. exe 文件

13. 以下选项中不能用作 C 语言程序合法常量的是（　　）。

    A. 1,234　　　　　　　　　　　　　B. ′123′

    C. 123　　　　　　　　　　　　　　D. ″x7G″

14. 以下选项中可用作 C 语言程序合法实数的是（　　）。

    A. 1e0　　　　　　　B. 3. 0e0. 2　　　　　C. E9　　　　　　　　D. 9. 12E

15. 若有定义语句:int a＝3,b＝2,c＝1;,以下选项中错误的赋值表达式是（　　）。

    A. a＝(b＝4)＝3;　　　　　　　　　B. a＝b＝c＋1;

    C. a＝(b＝4)＋c;　　　　　　　　　D. a＝1＋(b＝c＝4);

16. 有以下程序段

```
char name[20];
int num;
scanf("name=%s num=%d",name;&num);
```

当执行上述程序段,并从键盘输入:name＝Lili num＝1001＜回车＞后,name 的值为（　　）。

    A. Lili　　　　　　　　　　　　　　B. name＝Lili

    C. Lili num＝　　　　　　　　　　　D. name＝Lili num＝1001

17. if 语句的基本形式是:if(表达式)语句;,以下关于"表达式"值的叙述中正确的是（　　）。

    A. 必须是逻辑值　　　　　　　　　　B. 必须是整数值

    C. 必须是正数　　　　　　　　　　　D. 可以是任意合法的数值

18. 有以下程序

```
#include<stdio. h>
main()
```

```
{
    int x=011;
    printf("%d\n",++x);
}
```

程序运行后的输出结果是(   )。

A. 12   B. 11   C. 10   D. 9

19. 有以下程序

```
#include<stdio.h>
main()
{
    int s;
    scanf("%d",&s);
    while(s>0)
    {
        switch(s)
        {
            case 1:printf("%d",s+5);
            case 2:printf("%d",s+4);break;
            case 3:printf("%d",s+3);
            default:printf("%d",s+1);break;
        }
        scanf("%d",&s);
    }
}
```

运行时,若输入 1 2 3 4 5 0<回车>,则输出结果是(   )。

A. 6566456   B. 66656   C. 66666   D. 6666656

20. 有以下程序段

```
int i,n;
for(i=0;i<8;i++)
{
    n=rand()%5;
    switch (n)
    {
        case 1:
        case 3:printf("%dn",n);break;
        case 2:
        case 4:printf("%dn",n);continue;
        case 0:exit(0);
    }
    printf("%d\n",n);
}
```

以下关于程序段执行情况的叙述,正确的是(   )。

A. for 循环语句固定执行 8 次

B. 当产生的随机数 n 为 4 时结束循环操作

C. 当产生的随机数 n 为 1 和 2 时不做任何操作

D. 当产生的随机数 n 为 0 时结束程序运行

21. 有以下程序

```
#include<stdio.h>
main()
{
    char s[]="012xy\08s34f4w2";
    int i,n=0;
    for(i=0;s[i]! =0;i++)
        if(s[i]>='0'&&s[i]<='9') n++;
    printf("%d\n",n);
}
```

程序运行后的输出结果是(   )。

A. 0   B. 3   C. 7   D. 8

22. 若 i 和 k 都是 int 类型变量,有以下 for 语句

```
for(i=0,k=-1;k=1;k++) printf("*****\n");
```

下面关于语句执行情况的叙述中正确的是(   )。

A. 循环体执行两次   B. 循环体执行一次

C. 循环体一次也不执行   D. 构成无限循环

23. 有以下程序

```
#include<stdio.h>
main()
{
    char b,c;int i;
    b='a';c='A';
    for(i=0;i<6;i++)
    {
        if(i%2) putchar(i+b);
        else putchar(i+c);
    }
    printf("\n");
}
```

程序运行后的输出结果是(   )。

A. ABCDEF   B. AbCdEf   C. aBcDeF   D. abcdef

24. 设有定义:double x[10],*p=x;,以下能给数组 x 下标为 6 的元素读入数据的正确语句是(   )。

A. scanf("%f",&x[6]);   B. scanf("%lf",*(x+6));

C. scanf("%lf",p+6);   D. scanf("%lf",p[6]);

25. 有以下程序(说明:字母 A 的 ASCII 码值是 65)

```
#include<stdio.h>
void fun(char * s)
{
    while( * s)
    {
        if( * s%2) printf("%c", * s);
        s++;
    }
}
main()
{
    char a[]="BYTE";
    fun(a);printf("\n");
}
```

程序运行后的输出结果是( )。

A. BY   B. BT   C. YT   D. YE

26. 有以下程序

```
#include<stdio.h>
main()
{
    ...
    while(getchar()!='\n');
    ...
}
```

以下叙述中正确的是( )。

A. 此 while 语句将无限循环

B. getchar()不可以出现在 while 语句的条件表达式中

C. 当执行此 while 语句时,只有按回车键程序才能继续执行

D. 当执行此 while 语句时,按任意键程序就能继续执行

27. 有以下程序

```
#include<stdio.h>
main()
{
    int x=1,y=0;
    if(!x) y++;
    else if(x==0)
        if (x) y+=2;
        else y+=3;
    printf("%d\n",y);
}
```

程序运行后的输出结果是( )。

A. 3   B. 2   C. 1   D. 0

28. 若有定义语句：char s[3][10],(＊k)[3],＊p;,则以下赋值语句正确的是(　　)。

A. p＝s;　　　　　　B. p＝k;　　　　　　C. p＝s[0];　　　　　　D. k＝s;

29. 有以下程序

```
＃include＜stdio. h＞
void fun(char ＊c)
{
    while( ＊c)
    {
        if( ＊c＞＝'a'＆＆＊c＜＝'z') ＊c＝＊c－('a'－'A');
        c++;
    }
}
main()
{
    char s[81];
    gets(s);fun(s);puts(s);
}
```

当执行程序时从键盘输入 Hello Beijing＜回车＞,则程序的输出结果是(　　)。

A. hello beijing　　　　　　　　　　B. Hello Beijing

C. HELLO BEIJING　　　　　　　　　D. hELLO Beijing

30. 以下函数的功能是:通过键盘输入数据,为数组中的所有元素赋值。

```
＃include＜stdio. h＞
＃define N 10
void fun(int x[N])
{
    int i＝0;
    while(i＜N) sacnf("％d",_____);
}
```

在程序中横线处应填入的是(　　)。

A. x＋i　　　　　　B. ＆x[i＋1]　　　　　　C. x＋(i＋＋)　　　　　　D. ＆x[＋＋i]

31. 有以下程序

```
＃include＜stdio. h＞
main()
{
    char a[30],b[30];
    scanf("％s",a);
    gets(b);
    printf("％s\n％s\n",a,b);
}
```

程序运行时若输入:

　　how are you?　　　I am fine＜回车＞

则输出结果是(　　)。

A. how are you?

　I am fine

B. how

　　are you? I am fine

C. how are you? I am fine

D. how are you?

32. 设有如下函数定义

```
int fun(int k)
{
    if (k<1) return 0;
    else if(k==1) return 1;
    else return fun(k-1)+1;
}
```

若执行调用语句:n=fun(3);,则函数 fun 总共被调用的次数是(　　)。

A. 2　　　　　　　B. 3　　　　　　　C. 4　　　　　　　D. 5

33. 有以下程序

```
#include<stdio.h>
int fun(int x,int y)
{
    if (x!=y) return ((x+y)/2);
    else return (x);
}
main()
{
    int a=4,b=5,c=6;
    printf("%d\n",fun(2*a,fun(b,c)));
}
```

程序运行后的输出结果是(　　)。

A. 3　　　　　　　B. 6　　　　　　　C. 8　　　　　　　D. 12

34. 有以下程序

```
#include<stdio.h>
int fun()
{
    static int x=1;
    x*=2;
    return x;
}
main()
{
    int i,s=1;
    for(i=1;i<=3;i++) s*=fun();
    printf("%d\n",s);
}
```

程序运行后的输出结果是(　　)。

A. 0　　　　　　　B. 10　　　　　　　C. 30　　　　　　　D. 64

35. 有以下程序

```
#include<stdio.h>
#define S(x) 4*(x)*x+1
main()
{
    int k=5,j=2;
    printf("%d\n",S(k+j));
}
```

程序运行后的输出结果是(　　)。

A. 197　　　　　　　　B. 143　　　　　　　　C. 33　　　　　　　　D. 28

36. 设有定义:struct {char mark[12];int num1;double num2;} t1,t2;,若变量均已正确赋初值,则以下语句中错误的是(　　)。

A. t1=t2;　　　　　　　　　　　　　　B. t2.num1=t1.num1;

C. t2.mark=t1.mark;　　　　　　　　D. t2.num2=t1.num2;

37. 有以下程序

```
#include<stdio.h>
struct ord
{int x,y;}dt[2]={1,2,3,4};
main()
{
    struct ord * p=dt;
    printf("%d,",++(p->x));printf("%d\n",++(p->y));
}
```

程序运行后的输出结果是(　　)。

A. 1,2　　　　　　　　B. 4,1　　　　　　　　C. 3,4　　　　　　　　D. 2,3

38. 有以下程序

```
#include<stdio.h>
struct S
{int a,b;}data[2]={10,100,20,200};
main()
{
    struct S p=data[1];
    printf("%d\n",++(p.a));
}
```

程序运行后的输出结果是(　　)。

A. 10　　　　　　　　B. 11　　　　　　　　C. 20　　　　　　　　D. 21

39. 有以下程序

```
#include<stdio.h>
main()
{
    unsigned char a=8,c;
```

```
        c=a>>3;
        printf("%d\n",c);
    }
```

程序运行后的输出结果是(　　)。

A. 32 　　　　　　　 B. 16 　　　　　　　 C. 1 　　　　　　　 D. 0

40. 设 fp 已定义,执行语句 fp＝fopen("file","w");后,以下针对文本文件 file 操作叙述的选项中正确的是(　　)。

A. 写操作结束后可以从头开始读 　　　　 B. 只能写不能读

C. 可以在原有内容后追加写 　　　　 D. 可以随意读和写

二、填空题(每空 2 分,共 30 分)

1. 有序线性表能进行二分查找的前提是该线性表必须是 　【1】　 存储的。

2. 一棵二叉树的中序遍历结果为 DBEAFC,前序遍历结果为 ABDECF,则后序遍历结果为 　【2】　 。

3. 对软件设计的最小单位(模块或程序单元)进行的测试通常称为 　【3】　 测试。

4. 实体完整性约束要求关系数据库中元组的 　【4】　 属性值不能为空。

5. 在关系 A(S,SN,D)和关系 B(D,CN,NM)中,A 的主关键字是 S,B 的主关键字是 D,则称 　【5】　 是关系 A 的外码。

6. 以下程序运行后的输出结果是 　【6】　 。

```
#include<stdio.h>
main()
{
    int a;
    a=(int)((double)(3/2)+0.5+(int)1.99*2);
    printf("%d\n",a);
}
```

7. 有以下程序

```
#include<stdio.h>
main()
{
    int x;
    scanf("%d",&x);
    if(x>15) printf("%d",x-5);
    if(x>10) printf("%d",x);
    if(x>5) printf("%d\n",x+5);
}
```

若程序运行时从键盘输入 12<回车>,则输出结果为 　【7】　 。

8. 有以下程序(说明:字符 0 的 ASCII 码值为 48)

```
#include<stdio.h>
main()
{
```

```
        char c1,c2;
        scanf("%d",&c1);
        c2=c1+9;
        printf("%c%c\n",c1,c2);
    }
```

若程序运行时从键盘输入 48<回车>,则输出结果为____【8】____。

9. 有以下函数

```
    void prt(char ch,int n)
    {
        int i;
        for(i=1;i<=n;i++)
            printf(i%6!=0?"%c":"%c\n",ch);
    }
```

执行调用语句 prt('*',24);后,函数共输出了____【9】____行 * 号。

10. 以下程序运行后的输出结果是____【10】____。

```
    #include<stdio.h>
    main()
    {
        int x=10,y=20,t=0;
        if(x==y) t=x;x=y;y=t;
        printf("%d   %d\n",x,y);
    }
```

11. 已知 a 所指的数组中有 N 个元素。函数 fun 的功能是,将下标 k(k>0)开始的后续元素全部向前移动一个位置。请填空。

```
    void fun(int a[N],int k)
    {
        int i;
        for(i=k;i<N;i++) a[____【11】____]=a[i];
    }
```

12. 有以下程序,请在____【12】____处填写正确语句,使程序可正常编译运行。

```
    #include<stdio.h>
    ____【12】____;
    main()
    {
        double x,y,(*p)();
        scanf("%lf%lf",&x,&y);
        p=avg;
        printf("%f\n",(*p)(x,y));
    }
    double avg(double a,double b)
    {return((a+b)/2);}
```

13. 以下程序运行后的输出结果是＿＿＿【13】＿＿＿。

```c
#include<stdio.h>
main()
{
    int i,n[5]={0};
    for(i=1;i<=4;i++)
    {
        n[i]=n[i-1]*2+1;
        printf("%d",n[i]);
    }
    printf("\n");
}
```

14. 以下程序运行后的输出结果是＿＿＿【14】＿＿＿。

```c
#include<stdio.h>
#include<stdlib.h>
#include<string.h>
main()
{
    char * p;int i;
    p=(char *)malloc(sizeof(char)*20);
    strcpy(p,"welcome");
    for(i=6;i>=0;i--) putchar(*(p+i));
    printf("\n");free(p);
}
```

15. 以下程序运行后的输出结果是＿＿＿【15】＿＿＿。

```c
#include<stdio.h>
main()
{
    FILE * fp;int x[6]={1,2,3,4,5,6},i;
    fp=fopen("test.dat","wb");
    fwrite(x,sizeof(int),3,fp);
    rewind(fp);
    fread(x,sizeof(int),3,fp);
    for(i=0;i<6;i++) printf("%d",x[i]);
    printf("\n");
    fclose(fp);
}
```

2011年9月全国计算机等级考试二级笔试试卷(C语言程序设计)

一、选择题(1~10、21~40每题2分,11~20每题1分,共70分)

1.下列叙述中正确的是(   )。

A.算法就是程序

B.设计算法时只需要考虑数据结构的设计

C.设计算法时只需要考虑结果的可靠性

D.以上三种说法都不对

2.下列关于线性链表的叙述中,正确的是(   )。

A.各数据结点的存储空间可以不连续,但它们的存储顺序与逻辑顺序必须一致

B.各数据结点的存储顺序与逻辑顺序可以不一致,但它们的存储空间必须连续

C.进行插入与删除时,不需要移动表中的元素

D.以上三种说法都不对

3.下列关于二叉树的叙述中,正确的是(   )。

A.叶子结点总是比度为2的结点少一个

B.叶子结点总是比度为2的结点多一个

C.叶子结点数是度为2的结点数的两倍

D.度为2的结点数是度为1的结点数的两倍

4.软件按功能可以分为应用软件、系统软件和支撑软件(或工具软件)。下面属于应用软件的是(   )。

A.学生成绩管理系统   B.C语言编译程序

C.UNIX操作系统   D.数据库管理系统

5.某系统总体结构图如下图所示,则该系统总体结构图的深度是(   )。

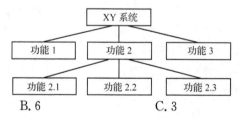

A.7   B.6   C.3   D.2

6.程序调试的任务是(   )。

A.设计测试用例   B.验证程序的正确性

C.发现程序中的错误   D.诊断和改正程序中的错误

7.下列关于数据库设计的叙述中,正确的是(   )。

A.在需求分析阶段建立数据字典

B.在概念设计阶段建立数据字典

C.在逻辑设计阶段建立数据字典

D.在物理设计阶段建立数据字典

8. 数据库系统的三级模式不包括（　　）。

A. 概念模式　　　　　　　　　　　　B. 内模式

C. 外模式　　　　　　　　　　　　　D. 数据模式

9. 有三个关系 R、S 和 T 如下，则由关系 R 和 S 得到关系 T 的操作是（　　）。

R

A	B	C
a	1	2
b	2	1
c	3	1

S

A	B	C
a	1	2
b	2	1

T

A	B	C
c	3	1

A. 自然连接　　　　　　　　　　　　B. 差

C. 交　　　　　　　　　　　　　　　D. 并

10. 下列选项中属于面向对象设计方法主要特征的是（　　）。

A. 继承　　　　　　　　　　　　　　B. 自顶向下

C. 模块化　　　　　　　　　　　　　D. 逐步求精

11. 以下叙述中错误的是（　　）。

A. C 语言编写的函数源程序，其文件名后缀可以是.C

B. C 语言编写的函数都可以作为一个独立的源程序文件

C. C 语言编写的每个函数都可以进行独立的编译并执行

D. 一个 C 语言程序只能有一个主函数

12. 以下选项中关于程序模块化的叙述错误的是（　　）。

A. 把程序分成若干相对独立的模块，可便于编码和调试

B. 把程序分成若干相对独立、功能单一的模块，可便于重复使用这些模块

C. 可采用自底向上、逐步细化的设计方法把若干独立模块组装成所要求的程序

D. 可采用自顶向下、逐步细化的设计方法把若干独立模块组装成所要求的程序

13. 以下选项中关于 C 语言常量的叙述错误的是（　　）。

A. 所谓常量，是指在程序运行过程中，其值不能被改变的量

B. 常量分为整型常量、实型常量、字符常量和字符串常量

C. 常量可分为数值型常量和非数值型常量

D. 经常被使用的变量可以定义成常量

14. 若有定义语句：int a＝10；double b＝3.14；，则表达式′A′＋a＋b 值的类型是（　　）。

A. char　　　　　B. int　　　　　C. double　　　　　D. float

15. 若有定义语句：int x＝12，y＝8，z；，在其后执行语句 z＝0.9＋x/y；，则 z 的值为（　　）。

A. 1.9　　　　　B. 1　　　　　C. 2　　　　　D. 2.4

16. 若有定义：int a，b；，通过语句 scanf("％d；％d"，&a，&b)；，能把整数 3 赋给变量 a，5 赋给变量 b 的输入数据是（　　）。

A. 3 5　　　　　B. 3，5　　　　　C. 3；5　　　　　D. 35

17.若有定义语句:int k1＝10,k2＝20;,执行表达式(k1＝k1＞k2)&&(k2＝k2＞k1)后,k1和k2的值分别为( )。

A.0和1 B.0和20 C.10和1 D.10和20

18.有以下程序

```
#include<stdio.h>
main()
{
    int a=1,b=0;
    if(--a) b++;
    else if(a==0)b+=2;
    else b+=3;
    printf("%d\n",b);
}
```

程序运行后的输出结果是( )。

A.0 B.1 C.2 D.3

19.下列条件语句中,输出结果与其他语句不同的是( )。

A.if(a) printf("%d\n",x);else printf("%d\n",y);

B.if(a==0) printf("%d\n",y);else printf("%d\n",x);

C.if(a!=0) printf("%d\n",x);else printf("%d\n",y);

D.if(a==0) printf("%d\n",x);else printf("%d\n",y);

20.有以下程序

```
#include<stdio.h>
main()
{
    int a=7;
    while(a--);
    printf("%d\n",a);
}
```

程序运行后的输出结果是( )。

A.－1 B.0 C.1 D.7

21.以下不能输出字符A的语句是( )(注:字符A的ASCII码值为65,字符a的ASCII码值为97)。

A. printf("%c\n",'a'-32);

B. printf("%d\n",'A');

C. printf("%c\n",65);

D. printf("%c\n",'B'-1);

22.有以下程序(注:字符a的ASCII码值为97)

```
#include<stdio.h>
main()
{
    char * s={"abe"};
```

```
do{
    printf("%d",* s%10);
    ++s;
}while( * s);
}
```

程序运行后的输出结果是(　　)。

A. abc　　　　　　　B. 789　　　　　　　C. 7890　　　　　　　D. 979899

23. 若有定义语句:double a,* p=&a;以下叙述中错误的是(　　)。

A. 定义语句中的 * 号是一个地址运算符

B. 定义语句中的 * 号只是一个说明符

C. 定义语句中的 p 只能存放 double 类型变量的地址

D. 定义语句中,* p=&a 把变量 a 的地址作为初值赋给指针变量 p

24. 有以下程序

```
#include<stdio.h>
double f(double x);
main()
{
    double a=0;int i;
    for(i=0;i<30;i+=10)a+=f((double)i);
    printf("%5.0f\n",a);
}
double f(double x)
{return x * x+1;}
```

程序运行后的输出结果是(　　)。

A. 503　　　　　　　B. 401　　　　　　　C. 500　　　　　　　D. 1404

25. 若有定义语句:int year=2009,* p=&year;,以下不能使变量 year 中的值增至 2010 的语句是(　　)。

A. * p+=1;　　　　B. (* p)++;　　　　C. ++(* p);　　　　D. * p++;

26. 以下定义数组的语句中错误的是(　　)。

A. int num[ ]={1,2,3,4,5,6};

B. int num[ ][3]={{1,2},3,4,5,6};

C. int num[2][4]={{1,2},{3,4},{5,6}};

D. int num[ ][4]={1,2,3,4,5,6};

27. 有以下程序

```
#include<stdio.h>
void fun(int * p)
{
    printf("%d\n",p[5]);
}
main()
{
```

```
    int a[10]={1,2,3,4,5,6,7,8,9,10};
    fun(&a[3]);
}
```

程序运行后的输出结果是(   )。

A. 5　　　　　　　　　B. 6　　　　　　　　　C. 8　　　　　　　　　D. 9

28. 有以下程序

```
# include<stdio. h>
# define N 4
void fun(int a[][N],int b[])
{
    int i;
    for(i=0;i<N;i++)   b[i]=a[i][i]-a[i][N-1-i];
}
void main()
{
    int x[N][N]={{1,2,3,4},{5,6,7,8},{9,10,11,12},{13,14,15,16}},y[N],i;
    fun(x,y);
    for(i=0;i<N;i++)printf("%d",y[i]);printf("\n");
}
```

程序运行后的输出结果是(   )。

A. -12,-3,0,0　　　　　　　　　　　B. -3,-1,1,3

C. 0,1,2,3　　　　　　　　　　　　　D. -3,-3,-3,-3

29. 有以下函数

```
int fun(char * x,char * y)
{
    int n=0;
    while((* x==* y)&& * x!='\0'){x++;y++;n++;}
    return n;
}
```

函数的功能是(   )。

A. 查找 x 和 y 所指字符串中是否有'\0'

B. 统计 x 和 y 所指字符串中最前面连续相同的字符个数

C. 将 y 所指字符串赋给 x 所指存储空间

D. 统计 x 和 y 所指字符串中相同的字符个数

30. 若有定义语句:char * s1="OK", * s2="ok";,以下选项中,能够输出"OK"的语句是(   )。

A. if(strcmp(s1,s2)==0) puts(s1);

B. if(strcmp(s1,s2)!=0) puts(s2);

C. if(strcmp(s1,s2)==1) puts(s1);

D. if(strcmp(s1,s2)!=0) puts(s1);

31. 以下程序的主函数中调用了在其前面定义的 fun 函数

```
# include<stdio. h>
...
main()
{
    double a[15],k;
    k=fun(a);
    ...
}
```

则以下选项中错误的 fun 函数首部是(　　)。

A. double fun(double a[15])

B. double fun(double ＊a)

C. double fun(double a[])

D. double fun(double a)

32. 有以下程序

```
# include<stdio. h>
# include<string. h>
main()
{
    char a[5][10]={"china","beijing","you","tiananmen","welcome"};
    int i,j;chart[10];
    for(i=0;i<4;i++)
        for(j=i+1;j<5;j++)
            if(strcmp(a[i],a[j])>0)
                {strcpy(t,a[i]);strcpy(a[i],a[j]);strcpy(a[j],t);}
    puts(a[3]);
}
```

程序运行后的输出结果是(　　)。

A. beijing　　　　　　　B. china　　　　　　　C. welcome　　　　　　　D. tiananmen

33. 有以下程序

```
# include<stdio. h>
int f(int m)
{
    static int n=0;
    n+=m;
    return n;
}
main()
{
    int n=0;
    printf("%d",f(++n));
    printf("%d\n",f(n++));
}
```

程序运行后的输出结果是(　　)。

A. 1,2 　　　　　　　B. 1,1 　　　　　　　C. 2,3 　　　　　　　D. 3,3

34. 有以下程序

```
#include<stdio.h>
main()
{
    char ch[3][5]={"AAAA","BBB","CC"};
    printf ("%s\n",ch[1]);
}
```

程序运行后的输出结果是(　　)。

A. AAAA 　　　　　　B. CC 　　　　　　　C. BBBCC 　　　　　　D. BBB

35. 有以下程序

```
#include<stdio.h>
#include<string.h>
void fun(char * w,int m)
{
    char s, * p1, * p2;
    p1=w;p2=w+m-1;
    while(p1<p2){s= * p1; * p1= * p2; * p2=s;p1++;p2--;}
}
main()
{
    char a[]="123456";
    fun(a,strlen(a));puts(a);
}
```

程序运行后的输出结果是(　　)

A. 654321 　　　　　B. 116611 　　　　　C. 161616 　　　　　D. 123456

36. 有以下程序

```
#include<stdio.h>
#include<string.h>
typedef struct{char name[9];char sex;int score[2];}STU;
STU f(STU a)
{
    STU b={"Zhao",'m',85,90};
    int i;
    strcpy(a.name,b.name);
    a.sex=b.sex;
    for(i=0;i<2;i++) a.score[i]=b.score[i];
    return a;
}
main()
{
```

```
    STU c={"Qian",'f',95,92},d;
    d=f(c);
    printf("%s,%c,%d,%d\n",d.name,d.sex,d.score[0],d.score[1]);
    printf("%s,%c,%d,%d\n",c.name,c.Sex,c.score[0],c.score[1]);
}
```

程序运行后的输出结果是( )。

A. Zhao,m,85,90,Qian,f,95,92

B. Zhao,m,85,90,Zhao,m,85,90

C. Qian,f,95,92,Qian,f,95,92

D. Qian,f,95,92,Zhao,m,85,90

37. 有以下程序

```
#include<stdio.h>
main()
{
    struct node{int n;struct node * next;} * p;
    struct node x[3]={{2,x+1},{4,x+2},{6,NULL}};
    p=x;
    printf("%d,",p->n);
    printf("%d\n",p->next->n);
}
```

程序运行后的输出结果是( )。

A. 2,3 　　　　　　B. 2,4 　　　　　　C. 3,4 　　　　　　D. 4,6

38. 有以下程序

```
#include<stdio.h>
main()
{
    int a=2,b;
    b=a<<2;
    printf("%d\n",b);
}
```

程序运行后的输出结果是( )。

A. 2 　　　　　　B. 4 　　　　　　C. 6 　　　　　　D. 8

39. 以下选项中叙述错误的是( )。

A. C语言程序函数中定义的赋有初值的静态变量,每调用一次函数,赋一次初值

B. 在C语言程序的同一函数中,各复合语句内可以定义变量,其作用域仅限本复合语句内

C. C语言程序函数中定义的自动变量,系统不自动赋确定的初值

D. C语言程序函数的形参不可以说明为static型变量

40. 有以下程序

```
#include<stdio.h>
main()
```

```
{
    FILE *fp;
    int k,n,j,a[6]={1,2,3,4,5,6};
    fp=fopen("d2.dat","w");
    for(i=0;i<6;i++) fprintf(fp," %d\n",a[i]);
    fclose(fp);
    fp=fopen("d2.dat","r");
    for(i=0;i<3;i++) fscanf(fp," %d%d",&k,&n);
    fclose(fp);
    printf("%d, %d\n",k,n);
}
```

程序运行后的输出结果是(　　)。

A. 1,2 　　　　　　　　　　　　　　　B. 3,4

C. 5,6 　　　　　　　　　　　　　　　D. 123,456

二、填空题(每空 2 分,共 30 分)

1.数据结构分为线性结构与非线性结构,带链的栈属于 　　【1】　　 。

2.在长度为 n 的顺序存储的线性表中插入一个元素,最坏情况下需要移动表中 　　【2】　　 个元素。

3.常见的软件开发方法有结构化方法和面向对象方法。对某应用系统经过需求分析建立数据流图(DFD),则应采用 　　【3】　　 方法。

4.数据库系统的核心是 　　【4】　　 。

5.在进行关系数据库的逻辑设计时,E-R 图中的属性常被转换为关系中的属性,联系通常被转换为 　　【5】　　 。

6.若程序中已给整型变量 a 和 b 赋值 10 和 20,请写出按以下格式输出 a、b 值的语句 　　【6】　　 。

* * * * a=10,b=20 * * * *

7.以下程序运行后的输出结果是 　　【7】　　 。

```
#include<stdio.h>
main()
{
    a%=9;printf("%d\n",a);
}
```

8.以下程序运行后的输出结果是 　　【8】　　 。

```
#include<stdio.h>
main()
{
    int i,j;
    for(i=6;i>3;i--)j=i;
    printf("%d%d\n",i,j);
}
```

9. 以下程序运行后的输出结果是_____【9】_____。

```
#include<stdio.h>
main()
{
    int i,n[]={0,0,0,0,0};
    for(i=1;i<=2;i++)
    {
        n[i]=n[i-1]*3+1;
        printf("%d",n[i]);
    }
    printf("\n");
}
```

10. 以下程序运行后的输出结果是_____【10】_____。

```
#include<stdio.h>
main()
{
    char a;
    for(a=0;a<15;a+=5)
    {putchar(a+'A');}
    printf("\n");
}
```

11. 以下程序运行后的输出结果是_____【11】_____。

```
#include<stdio.h>
void fun(int x)
{
    if(x/5>0) fun(x/5);
    printf("%d",x);
}
main()
{
    fun(11);
    printf("\n");
}
```

12. 有以下程序

```
#include<stdio.h>
main()
{
    int c[3]={0},k,i;
    while((k=getchar())!='\n')
```

```
        c[k-'A']++;
        for(i=0;i<3;i++) printf("%d",c[i]);printf("\n");
    }
```

若程序运行时从键盘输入 ABCACC<回车>,则输出结果为＿＿＿【12】＿＿＿。

13. 以下程序运行后的输出结果是＿＿＿【13】＿＿＿。

```
    #include<stdio.h>
    main()
    {
        int n[2],i,j;
        for(i=0;i<2;i++) n[i]=0;
        for(i=0;i<2;i++)
            for(j=0;j<2;j++) n[j]=n[i]+1;
        printf("%d\n",n[1]);
    }
```

14. 以下程序调用 fun 函数把 x 中的值插入到 a 数组下标为 k 的数组元素中。主函数中,n 存放 a 数组中数据的个数。请填空。

```
    #include<stdio.h>
    void fun(int s[],int * n,int k,int x)
    {
        int i;
        for(i= * n-1;i>=k;i--)s[___【14】___]=s[i];
        s[k]=x;
        * n= * n+___【15】___;
    }
    main()
    {
        int a[20]={1,2,3,4,5,6,7,8,9,10,11},i,x=0,k=6,n=11;
        fun(a,&n,k,x);
        for(i=0;i<n;i++) printf("%4d",a[i]);printf("\n");
    }
```

附录一

《C 语言设计教程》习题解析

第 1 章

一、选择题

1.main 是主函数的函数名,表示这是一个主函数。每一个 C 语言源程序都必须有且仅有一个主函数(main 函数),它是整个 C 语言程序运行的入口,即程序执行的起点。故选 A。

2.C 语言程序由函数构成,每个 C 语言源程序必须包含一个 main 函数,并从 main 函数开始执行,但是 main 函数可以位于程序的任意位置,故 A 错。C 语言的语句由分号结束,一行可以书写多条语句,故 B 错。注释只是为了方便人阅读程序,并不参与编译与执行,所以一个 C 语言程序在编译过程中,不会发现注释中的错误,故 D 错。C 语言使用输入输出函数实现输入输出操作,本身没有输入输出语句,故选 C。

3.C 语言程序是由函数构成的,所以程序的基本组成单位是函数,故 C 对。每一个 C 语言源程序必须包含一个 main 函数,除了 main 函数之外也可以包含其他用户自定义的函数,但必须从 main 函数开始执行,故 A 和 B 对。注释只是对程序的注解,方便人阅读,可以在需要的任意位置出现,并不参与编译与执行,故 D 错,选 D。

4.C 语言规定,main 函数可以出现在程序中的任意位置。故选 C。

5.C 语言是由函数构成的,故选 B。

6.在 C 语言中,int 是整型类型名,用于定义整型变量。typedef 用来声明新的类型名来代替已有的类型名。enum 用来声明枚举类型。所以 A、B、C 都是 C 语言的关键字,故选 D。

7.在 C 语言中,字符常量用一对单引号括起来,故 B 和 D 错。C 语言还允许以一个字符"\"开头的字符序列,即转义字符,如"\t"表示水平制表符,故选 C。在字符"\"后可以跟随 1～3 位八进制数来表示该八进制数的 ASCII 码所对应的字符,但是 A 选项中"97"不可能为八进制数,故 A 错。

8.C 语言规定,标识符必须由字母、数字和下画线构成,并且起始字符只能为字母或下画线,所以标识符中不能含有空格,故选 D。

二、简答题

1.● 语言简洁、紧凑,使用方便、灵活。一共有 32 个关键字,9 种控制语句。程序书写形式自由,主要由小写字母表示。

● 运算符丰富,共有 44 个运算符。C 语言把括号、赋值、强制类型转换都作为运算符处理,使表达式多样化。

● 数据结构丰富,具有现代化语言的各种数据结构。C语言的数据类型有整型、实型、字符型、数组类型、指针类型、结构体类型、共用体类型等,能实现各种复杂的数据结构。

● 具有结构化的控制语句。用函数作为程序模块以实现程序的模块化。

● 语言限制不太严格,程序设计自由度大。例如,对数组下标越界不作检查,对变量的使用类型比较灵活。如,整型量和字符型数据以及逻辑型数据可以通用。

● C语言允许直接访问物理地址,能进行位(bit)操作,能实现汇编语言的大部分功能,可直接对硬件进行操作。

● 生成目标代码质量高,程序执行效率高。

● C语言程序可移植性好。基本上不作修改就能用于各种型号的计算机和各种操作系统。

2.在程序中使用的变量名、函数名、标号等统称为标识符。除库函数的函数名由系统定义外,其余都由用户自定义。C语言规定,标识符只能是字母(A~Z,a~z)、数字(0~9)、下画线(_)组成的字符串,并且其第一个字符必须是字母或下画线。

3.C语言的注释符是以"/ *"开头并以" * /"结尾的串。在"/ *"和" * /"之间的即注释。程序编译时,不对注释作任何处理。注释可出现在程序中的任何位置。注释用来向用户提示或解释程序的意义。在调试程序时对暂不使用的语句也可用注释符括起来,使翻译跳过不作处理,待调试结束后再去掉注释符。

4.C程序在计算机上的实现与其他高级语言一样,一般要经过编辑、编译、连接、运行四个步骤。

第 2 章

一、选择题

1.C语言语句必须由分号结尾,故 D 错。用类型符 char 定义的变量为字符型变量,给字符型变量赋值只能赋字符,C 中 M 为字符串,故 C 错。A 中把字符 M 赋给变量 A,而变量 A 并没有被定义,故 A 错。故选 B。

2.在 C语言中,字符数据可以用其 ASCII 码值参与算术运算,题中字符 5 与字符 2 的 ASCII 码值相差 3。字符 b 的 ASCII 码值为 98,加上 3 后为 101,对应的字符为 e,所以对字符型变量 ch 赋值为 e。故选 A。

3.上述程序段中,定义 c1 和 c2 为字符型变量,分别赋值为字符 6 和字符 0,则 c1 和 c2 用"%c"格式输出为字符 6 和 0。c1 和 c2 相减实际为字符 6 和字符 0 的 ASCII 码值相减,结果为 6,所以用"%d"格式输出为数值 6。故选 B。

4.C语言的数据类型中没有逻辑型,所以 A、C、D 皆错,故选 B。

5.表达式 x=1,y=x+3/2 为逗号表达式,需要先计算赋值语句 y=x+3/2 的值,再用 y 的值作为整个表达式的值。3/2 的值为 1,再加上 x 的值 1,结果为 2,又因为 y 为 double 型,所以 y 值为 2.0。故选 C。

6.数学关系 10<a<15 表示 a 小于 15 并且 a 大于 10。故选 C。

二、填空题

1. 本题考查格式输出函数 printf 的格式控制。"%f"用于浮点型数据的输出,"%.2f"用于控制保留两位小数,转移字符"\n"用于控制换行。356.和365f均表示浮点型字符。故空白处填写:

356.000000

356.000000

356.00

356.00

2. 本题同样考查 printf 函数的输出格式,"%f"用于浮点型数据的输出,可以输出单精度数和双精度数,保留 6 位小数。但是输出单精度数时只有前 7 位是有效数字,而输出双精度数时有效位数为 16 位。故空白处填写:

33333.332031

33333.333333

3. 本题考查不同精度数据之间的运算,表达式 b=123.523864+a 中,整型数 a 会转换成浮点型数参与运算,运算结果为浮点型数,赋给 b。当把 double 型变量赋给整型变量 a 时,则要先将 b 截去小数部分变为整型数再赋给 a。故空白处填写:

a=566 b=566.523865

4. 本题考查强制类型转换的使用。使用"(int)f"输出时,会把浮点型数 f 强制转换成整型数输出。但是并不改变 f 本身的值,所以再输出 f 时,值不变。故空白处填写:

(int)f=5,f=5.750000

三、简答题

1.(1)遵循行业惯例和软件人员使用的普遍性,使其易于学习和交流。

(2)易于表达逻辑条件及其相应的处理,能有效地表达各种数据类型和数据结构,使算法结构清晰,思路明了,无他异性。

(3)便于转换成机器能接受的代码,易于进行逻辑验证和便于修改。

(4)使用三种基本结构设计算法,使功能尽量独立化,提高算法的可靠性和可维护性。

2. 求正整数 m 和 n 的最大公约数,可以先求出 m/n 的余数。如果余数为 0,则 n 为 m 和 n 的最大公约数;如果余数不为 0,则把余数赋给 n,把原 n 值赋给 m,再进行 m/n 的运算,再判断余数是否为 0。以下为用当型和直到型两种结构实现的流程图。

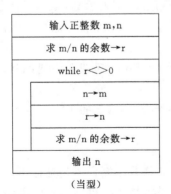

(当型)

(直到型)

3.用计算机实现求自然数 1 到 100 的和,可以使用 1 先加 2,再加 3,
……,一直加到 100 的方法。

(1)用自然语言描述

设一整型变量 i,并令 i=1;

设一整型变量 s,用其存放累加和;

每次将 i 与 s 相加后存入 s;

使 i 值增 1,取得下次的加数。

重复执行上步,直到 i 的值大于 100 时,执行下一步。

将累加和 s 的值输出。

(2)用传统流程图描述

见右图。

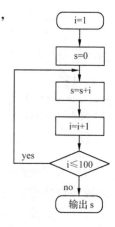

第 3 章

一、选择题

1.用格式输入函数 scanf 输入时,格式控制符和地址列表的类型和次序要相互对应,x
为整型,需用"%d"控制,y 为浮点型,需用"%f"控制。故选 C。

2.putchar 函数的功能是向终端输出一个字符。故选 A。

3.赋值号"="表示将其右边的值赋给左边的变量,和关系运算符"=="不同,故 A 错。
赋值后,赋值号"="左边变量的值就会变成右边表达式的值,所以 B 错。由赋值表达式加
上分号构成赋值语句,C 正确。"x+=y;"表示"x=x+y;",所以"x+=y;"是赋值语句,故
D 错。故选 C。

4.本题考查格式输入、输出函数 scanf 和 printf 的正确格式。在 C 语言程序设计中,
scanf 函数的格式控制参数中"%d"表示输入整数,"%c"表示输入字符,也就是说,前两个输
入的数是以字符形式输入的,后两个输入的数是以整数形式输入的,输出时,全部都以字符
形式输出,而刚才的后两个整数应该用 ASCII 码转化为字符。则输出的是 6,5,A,B。故选 A。

5.运算符"++"为自增运算符,当变量位于自增运算符前面时,先使用变量再完成自增
运算,所以表达式 a++的值为 5。故选 C。

6.在 C 语言中,以 0 开头的数为八进制数。给 i 赋值"010"表示给 i 赋八进制数 10 即十
进制数 8,则表达式 i++值为 9。j 初值为 10,表达式 j——为先使用 j 值再自减,所以表达
式值为 10。故选 B。

7.在用格式输入函数 scanf 接收字符时,可以用空格、Enter 键或 Tab 键间隔,再根据输
入数据的格式和输入次序接收字符。故选 C。

8.本程序段的功能为首先将 a 和 b 中的较大值赋给 s,再求 s 的平方。输入 3 和 4 后,
较大值为 4,则 4 的平方值为 16。故选 B。

二、填空题

1.在 C 语言中,复合语句和空语句都是合法的语句格式。复合语句是指用一对大括号
把一些语句括起来成为复合语句。空语句只有一个分号,是什么也不执行的语句。故空白
处填写:

一个语句 ；

2.在格式输出函数中,格式说明总是由"%"开始的,由"%"加上格式字符组成。如果想输出字符"%",可以在格式控制中连输两个"%"来实现。故空白处填写:

连续两个百分号%

3.格式输出函数 printf 中包含格式控制和输出表列两部分,格式控制中可以包含格式说明和普通字符两部分,格式说明将数据转换成指定的格式输出,普通字符照原样输出。故空白处填写:

格式说明 普通字符

4.在 C 语言中,格式输出和指针运算中会用到取地址运算,取地址运算可以通过地址运算符"&"实现。如已定义变量 a,则"&a"表示取变量 a 的地址。故空白处填写:

地址 a 在内存中的地址

5.把一些语句用一对大括号"{}"括起来可以构成复合语句。故空白处填写:

大括号

6.本题考查自增自减运算符的使用,当 x=16 时,表达式 x++ 的值为 16,所以 y 的值为 32。当 x=15 时,表达式 ++x 的值为 16,而输出函数中的自增运算不影响 x 本身的值,所以 x 的值仍为 15。当 x=20 时,表达式 x-- 的值为 20,所以 y 的值为 40。当 x=13时,表达式 x++ 的值为 13,而输出函数中的自增运算同样不影响 x 本身的值,所以输出 x 的值仍为 13。故空白处填写:

32

16,15

40

13,13

7.在 C 语言中字符型数据可以用其 ASCII 码值参与算术运算。程序段中'5'表示字符 5,同理'3'和'6'表示字符 3 和 6。则'5'-'3'的差为字符 5 和 3 相差的 ASCII 码值 2。则'A'的 ASCII 码值和 2 相加结果为 67。同理 ch2 结果为 68,用字符格式输出为 D。故空白处填写:

67,D

8.40/3 的结果为取商的整数部分 13,再把 13 分别赋给 a、b 和 c。所以空白处填写:

13 13.000000 13.000000

三、程序设计题

1.大写字母和小写字母的 ASCII 码值相差 32,所以从键盘接收一个大写字母后,将其 ASCII 码值加上 32 即可转换成小写字母。

程序参考代码如下:

```
#include<stdio.h>
main()
{
    char c1,c2;
    printf("Please input upper character c1…\n");
    c1=getchar();
    c2=c1+32;                    /* 大写字母+32变成小写字母,反之-32 */
```

```
        printf("c1=%d,  c1=%c\n",c1,c1);
        printf("c2=%d,  c2=%c\n",c2,c2);
}
```

2.要将变量 a 和 b 的值互换可以借助一个中间变量实现,首先把 a 的值赋给中间变量,再把 b 的值赋给 a,最后把中间变量的值赋给 b 即可。如需验证,可先输出 a 和 b 的值,交换后再输出 a 和 b 的值即可。

程序参考代码如下:

```
#include<stdio.h>
main()
{
    int a,b,t;
    printf("Enter a and b:\n");
    scanf("%d%d",&a,&b);
    printf("a=%d,b=%d\n",a,b);
    t=a;a=b;b=t;
    printf("a=%d,b=%d\n",a,b);
}
```

3.求两个整数的商可以用运算符"\"实现,求两个整数的余数可以用运算符"%"实现。

程序参考代码如下:

```
#include<stdio.h>
main()
{
    int m,n;
    scanf("%d%d",&m,&n);
    printf("%d,%d\n",m/n,m%n);
}
```

4.实现三个整数的互换同样需要使用中间变量来实现。

程序参考代码如下:

```
#include<stdio.h>
main()
{
    int a,b,c,t;
    scanf("%d%d%d",&a,&b,&c);
    t=c;c=b;b=a;a=t;
    printf("%d,%d,%d\n",a,b,c);
}
```

5.要实现各位数字的反序输出,首先要将各位数字取出。将该三位数除以 100 可取出百位数字,模 10 可取出个位数字,将该三位数除以 10 再模 10 可以得到十位数字。将百位和个位数字互换即可得到反序输出。

程序参考代码如下：

```c
#include<math.h>
main()
{
    int n1,n2,a,b,c;
    scanf("%d",&n1);
    a=n1/100;
    b=n1/10%10;
    c=n1%10;
    n2=a+b*10+c*100;
    printf("the new number is %d",n2);
}
```

第4章

一、选择题

1.逻辑运算符两侧的运算对象可以是常量、变量或表达式。故选 D。

2.在 C 语言中，赋值运算符的优先级只高于逗号运算符，算术运算符的优先级高于关系运算符，关系运算符的优先级高于逻辑与和逻辑或。故选 C。

3. x 的取值在[1,10]和[200,210]范围内为真表示 x 的取值要么在 1～10 范围内，要么在 200～210 范围内，是"或"的关系。而在 1～10 范围内表示 x 大于等于 1 并且 x 小于等于 10，是"与"的关系。故选 C。

4.大写字母的范围为 A～Z，即 ch 大于等于 A 并且小于等于 Z，是逻辑"与"的关系，C 语言中逻辑与的符号为"&&"。故选 C。

5. a=1,b=2，所以表达式 a>b 的值为假，执行 m=a>b 后 m 的值为假，则表达式 (m=a>b)&&(n=c>d)的值为假。故选 D。

6.表达式 m=(w<x)? w:x 的功能为将 w 和 x 中的较小值赋给 m。同理表达式 m=(m<y)?m:y 和表达式 m=(m<z)? m:z 先将 m 和 y 中的最小值赋给 m，再将 m 和 z 中的最小值赋给 m，则 m 值为 w、x、y 和 z 中的最小值。故选 D。

7. a 的值为 5，b 的值为 4，所以 a>b 为真，所以 d 取值为表达式 a>c? a:c 的值；c=6，所以 a>c 不成立，所以 d 的取值为 c 的值，即 d 取 6。故选 C。

8.首先 a 的值为 0，则!a 的值为真，则执行 x--,x 值变为 34，else if(b)不执行。接下来执行 if(c)，因为 c 的值为 0，所以执行 else x=4，则 x 的最终值为 4。故选 B。

9.条件运算符的结合性为自右向左。所以首先计算表达式 y<z? y:z 的值，结果为 y 即结果为 3；再计算表达式 w<x? w:y 的值，结果为 w，即结果为 1。故选 D。

二、填空题

1.输入 58 后，a 的值为 58，则 a>50 为真，输出 a 为 58；继续判断 a>40，同样为真，再次输出 a 为 58；再判断 a>30，成立，还输出 a 为 58。故空白处填写：

585858   因为 58>40&&58>40&&58>30

2.n 的值为字符 c,表达式 n++值为 c,switch 语句判断表达式值后,执行"case ′c′: case ′C′;printf(″pass″);",输出"pass";因为没有 break 语句,所以会继续执行"case ′d′:case ′D′;printf(″warn″);",输出"warn"。故空白处填写:

passwarn   在 case ′c′与 case′d′后边没有跟 break 语句

3.该程序首先输入 x 的值,然后判断 x 和 5 的关系,如果 x 大于 5,则输出"x>5";如果 x 和 5 相等,则输出"x=5";如果 x 小于 5,则输出"x<5"。故空白处填写:

判断从键盘输入的数是大于 5、等于 5 还是小于 5

4.该程序段中有三组 if 语句,因为没有 break 语句,所以三组 if 语句都会判断。第一次判断:n 值为 0,所以非 n 值为 1,则执行语句"x−=1;",结果 x 值为 1;第二次判断:m 值为 1,则执行语句"x−=2;",结果 x 值为−1;第三次判断:x 值为−1,非 0,则执行语句"x−=3;",结果 x 值为−4。故空白处填写:

−4

5.k 能被 3 整除表示 k 模 3 的值为 0,能被 3 整除或能被 7 整除可用表达式"k%3==0||k%7==0"实现。故空白处填写:

((k%3==0)||(k%7==0))   no\n

三、程序设计题

1.三个数假设为 a、b 和 c,则首先可比较 a 和 b 的大小,如果 a 小则不作操作,否则,使用中间变量交换 a 和 b 的值。这样可以使 a 为 a 和 b 中的较小值。然后再将 a 和 c 比较,如果 a 比 c 小,则只需再比较 b 和 c 的值即可。如果 a 比 c 大,则将 a 和 c 交换,使 a 为 a 和 c 中较小值,再去比较 b 和 c 的值。此时,a 的值为三个数中的最小值,比较 b 和 c 后使 b 为中间值,c 为最大值即可。

程序参考代码如下:

```
main()
{
    float a,b,c,t;
    printf("\nPlease input float a,b,c");
    scanf("%f,%f,%f",&a,&b,&c);
    if(a>b)
        {t=a;a=b;b=t;}                    /*a,b 中,a 最小了*/
    if(a>c)
        {t=a;a=c;c=t;}                    /*a,b,c 中,a 最小了*/
    if(b>c)
        {t=b;b=c;c=t;}                    /*a,b,c 中,b 居中了,c 最大了*/
    printf("\n%6.3f, %6.3f, %6.3f",a,b,c);
}
```

2.本题可用选择结构完成,判断条件为两个数的平方和与 100 的关系。当平方和大于 100 时,要输出平方和百位以上的数,只需用平方和整除 100 求商即可。当平方和小于 100 时,将两个数相加即可。

程序参考代码如下:

```
#include<stdio.h>
main ( )
```

```
{
    int a, b, c, d;
    printf ("Please input a,b\n");
    scanf ("%d, %d", &a, &b);
    c=a*a+b*b;
    if ( c>100 )
    {
        d=c/100;
        printf ("%d, %d\n", c, d);
    }
    else
        printf ("a+b=%d\n", a+b);
}
```

3.本题可采用分支程序完成。若行李质量不超过 50 kg,则托运费为行李质量乘以 0.15;若行李质量超过 50 kg,则托运费为首先用总质量乘以 0.15,再加上超过 50 kg 部分的质量乘以 0.10。

程序参考代码如下:

```
#include<stdio.h>
main()
{
    float w,m;
    scanf("%f",&w);
    if(w<=50) m=w*0.15;
    else m=(w-50)*0.1+50*0.15;
    printf("When weight=%.2f,You should pay %.2f",w,m);
}
```

4.三角形的构成条件为两边之和大于第三边。如果任意两条边的长度相等,则为等腰三角形,如果三条边长度都相等,则为正三角形。

程序参考代码如下:

```
#include<stdio.h>
main()
{
    float a,b,c,flag;
    scanf("%f,%f,%f",&a,&b,&c);
    if((a+b<=c)||(a+c<=b)||(b+c<=a))
        flag=0;
    else if ((a==b)&&(b==c))
        flag=1;
    else if ((a==b)||(b==c)||(a==c))
        flag=2;
    else flag=3;
    printf("%.0f",flag);
}
```

5.本题首先要判断分数是否在 0～100 范围内,如果不在就输出"It is wrong.",如果在 0～100 范围内,再去判断两门课的成绩,看是否在 60 分以上。

程序参考代码如下:

```c
#include<stdio.h>
main()
{
    float f1,f2;
    int d1,d2,flag1,flag2;
    scanf("%f,%f",&f1,&f2);
    d1=f1/60;d2=f2/60;
    if((f1>100||f1<0)||(f2>100||f2<0))
        printf("It is wrong.");
    else
    {
        switch(d1)
        {
            case 0:flag1=0;break;
            case 1:flag1=1;break;
        }
        switch(d2)
        {
            case 0:flag2=0;break;
            case 1:flag2=1;break;
        }
        if((d1==1)&&(d2==1))
            printf("Pass!");
        else    printf("Not pass!");
    }
}
```

第 5 章

1. while 循环先判断条件,后执行循环体。条件 k=0 不成立,所以循环体一次也不执行。故选 C。

2. i 初值为 0,则 i%2 值为假,则不执行 if 后大括号中语句,执行大括号后语句"i++;"和"s += i;",i 值为 1,s 值为 1。i<7,所以循环继续。

i 值为 1,则 i%2 值为真,执行 if 后大括号中语句"i++;"后,i 值为 2,执行"continue;"语句,再判断 i%2 值为假,直接执行大括号语句"i++;"和"s += i;",i 值为 3,s 值为 1+3=4。i<7,所以循环继续。

i 值为 3,则 i%2 值为真,执行 if 后大括号中语句"i++;"后,i 值为 4,执行"continue;"语句,再判断 i%2 值为假,直接执行大括号语句"i++;"和"s += i;",i 值为 5,s 值为 1+3+5=9。i<7,所以循环继续。

i值为5,则i%2值为真,执行if后大括号中语句"i++;"后,i值为6,执行"continue;"语句,再判断i%2值为假,直接执行大括号语句"i++;"和"s += i;",i值为1,s值为1+3+5+7=16。i=7,所以循环结束。

则s最终值为16。故选A。

3.i初值为0,则(i%10)==0成立,跳出for循环,执行语句"i+=11;a+=i;",则i值为11,a值为11。i<20,所以while循环继续执行。

i值为11,则(i%10)==0不成立,继续执行"i--",i值为10,(i%10)==0成立,跳出for循环,执行语句"i+=11;a+=i;",则i值为21,a值为11+21=32。i>20,所以while循环结束。

a终值为32,故选B。

4.x初值为3,执行printf语句输出x值为1,则循环条件!(--x)为非0,x值为0,循环条件满足,循环继续。

x值为0,执行printf语句输出x值为-2,则循环条件!(--x)为0,循环结束。

故选C。

5.在循环结构中,如果没有使循环结束的条件,则会陷入死循环。

A中,while循环条件1始终非0,所以循环不会结束。

B中,for循环没有使循环结束的任何条件,所以也会陷入死循环。

C中,执行一次循环体中,k值为1,则循环条件不成立,循环结束。

D中,s初值为非0,用s作循环条件,执行空语句,循环条件始终成立,所以循环不会结束。

故选C。

6.goto语句为无条件转向语句,可以从循环体中跳转到循环体外,不局限于多层循环。所以A错。break语句可以使流程跳出switch结构,所以B错。continue语句用来结束本次循环,而break语句则是结束整个循环过程,所以C正确。故选C。

7.k值为2时,执行外循环体:s值为1,在循环"for (j=k;j<6;j++)s+=j;"中,j的值为2,执行"s+=j",s值为3;"j++"后j为3,j<6成立,继续执行"s+=j",s值为6;"j++"后j为4,j<6成立,继续执行"s+=j",s值为10;"j++"后j为5,j<6成立,继续执行"s+=j",s值为16;"j++"后j为6,j<6不成立,跳出内循环。

执行"k++","k++"后,取k值为4,执行外循环体:s值为1,在循环"for (j=k;j<6;j++)s+=j;"中,j的值为4,执行"s+=j",s值为5;"j++"后j为5,j<6成立,继续执行"s+=j",s值为10;j++后j为6,j<6不成立,跳出内循环。

执行"k++","k++"后,取k值为6,k<6不成立,跳出外循环。

循环结束,s终值为10。故选D。

8.i初值为0,j初值为1,i<=j+1成立,执行循环体,输出i值0。执行"i+=2","j--"后,i值为2,j值为0,i<=j+1不成立,循环结束。循环体只执行一次,故选D。

9.本程序段中,需要输出i值在1~50范围内,且i能被2整除,i加1后能被3整除,i再加1后能被7整除。每当i取偶数时,进入循环体。最终满足所有条件的i值为26,故选D。

10.本题考查"x++"执行的次数。当i取0时,执行外循环,首先执行一次"x++";在内层for循环中,当j取0和2时,各执行一次"x++";跳出内层for循环,再执行一次"x++"。共执行4次"x++"操作。

i 可以取 0 和 1 两个值,所以外层循环执行两次,内层循环执行两轮,共执行 x＋＋操作 4×2＝8 次。所以 x 最终值为 8。故选 B。

二、填空题

1. 本程序段中首先输入一个数,将该数模 10 取其余数输出,再将该数除以 10,赋给该数自身。只要该数不为 0,则循环继续。

如输入 1298 后,执行"n1＝n2％10;"后,n1 值为 8,执行"n2＝n2/10;"后,n2 值为 129,输出 8。

n2!＝0,所以循环继续,执行"n1＝n2％10;"后,n1 值为 9,执行"n2＝n2/10;"后,n2 值为 12,输出 9。

n2!＝0,所以循环继续,执行"n1＝n2％10;"后,n1 值为 2,执行"n2＝n2/10;"后,n2 值为 1,输出 2。

n2!＝0,所以循环继续,执行"n1＝n2％10;"后,n1 值为 1,执行"n2＝n2/10;"后,n2 值为 0,输出 1。

n2＝0,循环结束。

故空白处填写:

/＊从键盘读入数据 n2＊/

/＊设定判定条件 n2!＝0＊/

/＊通过求余操作将某个数的某位数求出来＊/

8921

实现将一个数按其逆序输出

2. 本程序段含有两个 while 循环,第一个 while 循环的条件为"(ch＝getchar( ))＜'0' ∥ ch＞'6'",即输入字符小于字符 0 或大于字符 6,如果条件满足,则执行空语句,即不执行任何操作,循环继续。

第二个 while 循环的条件为"ch!＝'?'＆＆ch＞＝'0'＆＆ch＜＝'6'",即当 ch 为字符? 时,循环结束,否则当 ch 在字符 0 到字符 6 之间(包含 0 和 6)时,执行复合循环体。

从键盘输入 c2470f ? 后,当遇到字符 c、7、0 时,不执行任何操作。

当遇到字符 2 时,执行"number＝number＊7＋ch－'0'",输出 number 值为 2＃。

当遇到字符 4 时,执行"number＝number＊7＋ch－'0'",输出 number 值为 18＃。

故空白处填写:

2＃18＃

3. 程序段中,while 后空白为循环判断条件,根据题目要求,输入负数时结束,故空白处填写:

x＞＝0

若 x 值比最大值大,则 x 为最大值;若 x 值比最大值小,则 x 为最小值,即 amin＝x。

又因为题目要求输入若干个学生成绩,所以需要继续输入 x 值,即 scanf ("%f",＆x)。

故空白处填写:

x＞＝0 amin＝x;   scanf ("%f",＆x);

4. 题目要求输出 100 以内满足要求的整数,所以 i 取值范围为 1～100。但循环体中有语句"j＝i＊10＋6",所以循环结束条件只需为 i＜＝9 即可。当 j 个位数为 6 时,如果能被 3 整除则将其输出;如果不能被 3 整除,则直接跳过本次循环进入下一次循环的判定。所以

continue 前 if 的条件判定为!(j%3==0)。故空白处填写：

 i<=9 !(j%3==0)

 5.本程序段中有两个 for 循环，外层 for 循环用来将各阶乘值相加，即 sum=sum+f。所以内层 for 循环的功能为求某一个数的阶乘。当外层取一个 i 值时，内层需将 1~i 的所有值相乘，所以内层 for 循环的结束条件为 j<=i，相乘可以用 f=f*j 实现。故空白处填写：

 j<=i f=f*j

三、程序设计题

 1.根据题目提示，水仙花数是指一个数各位数字的立方和等于该数本身，则我们只需把一个数的各位数字取出来，再求其立方和，看是否等于其自身即可。立方可以用函数 pow 实现。

 程序参考代码如下：

```c
#include<stdio.h>
main()
{
    int m,i,a,b,c;
    i=100;
    while(i<=999);
    {
        a=i/100;
        b=i/10%10;
        c=i%10;
        if((pow(a,3)+pow(b,3)+pow(c,3))==i)
            printf("%d\n",i);
        i++;
    }
}
```

 2.本题中鸡翁、鸡母、鸡雏共有 100 只，则每种鸡的数目应在 1~100 范围内，可用三层循环实现。又根据题目给出三种鸡的单价分别为 5、3 和 1/3，总价为 100，所以可得出程序参考代码如下：

```c
#include<stdio.h>
main()
{
    int i,j,k;
    for(i=1;i<100;i++)
        for(j=1;j<100;j++)
            for(k=1;k<100;k++)
            {
                if((i+j+k==100)&&(i*5+j*3+k/3==100)&&k%3==0)
                    printf("%d,%d,%d\n",i,j,k);
            }
}
```

3.本题中,取 1~101 范围内的奇数进行运算,当取 1,5,9,13,…时,求和,当取 3,7,11, 15,…时求差。考察数的特征,当某奇数减 1 能被 4 整除时,求和,否则求差。

程序参考代码如下:

```
#include<stdio.h>
main()
{
    int i, s=0;
    for (i=1;i<=101;i+=2)
        if((i-1)%4==0) s+=i;else s-=i;
    printf("%d",s);
}
```

4.自然数中除了能被 1 和本身整除外,还能被其他的数整除的数叫做合数。每个合数都可以写成几个质数相乘的形式,这几个质数就都叫做这个合数的质因数。分解质因数的方法是先用一个合数的最小质因数去除这个合数,得出的数若是一个质数,就写成这个合数相乘形式;若是一个合数,就继续按原来的方法,直至最后是一个质数 。

程序参考代码如下:

```
#include<stdio.h>
main()
{
    int n,i;
    printf("\nplease input a number:\n");
    scanf("%d",&n);
    printf("%d=",n);
    for(i=2;i<=n;i++)
    {
        while(n!=i)
        {
            if(n%i==0)
            {
                printf("%d*",i);
                n=n/i;
            }
            else
                break;
        }
    }
    printf("%d",n);
}
```

5.本题可以使用倒推法。已知第十天只有一个桃子,又知道前一天吃的桃子数是后一天吃的桃子数的加 1 再乘以 2,所以可以一直倒推出第一天的桃子数。

程序参考代码如下：

```
#include<stdio.h>
main()
{
    int day,x1,x2;
    day=9;
    x2=1;
    while(day)
    {
        x1=(x2+1)*2;              /*第一天的桃子数是第二天桃子数加1后的2倍*/
        x2=x1;
        day--;
    }
    printf("the total is %d\n",x1);
}
```

第 6 章

一、选择题

1.C语言中数组下标的数据类型可以是整型常量也可以是整型表达式。故选 C。

2.C语言中，如果某一维数组有 n 个元素，则其下标为 0~(n-1)。故选 B。

3.在 C 语言中，字符数组在存储字符串常量时会用一个空字符作为结束符，所以数组所占的空间为字符个数加上 1。故选 C。

4.字符型数组可以用来存放字符串，故 A 正确。字符数组可以逐个字符输入输出也可以一次输入输出，故 B 对，C 错。故选 C。

5.该程序段中，定义了一个二维数组 a 并进行初始化，for 语句输出的元素分别为 a[0][2]、a[1][1] 和 a[2][0]，即二维数组中的副对角线元素为 3、5 和 7。故选 A。

二、填空题

1.该程序段中定义了一个整型指针变量 p1 指向整型变量 x，定义了一个浮点型指针变量 p2 指向浮点型变量 y。在输出语句中，*p1 值为 5，则++(*p1)值为 6。而(*p2)++ 先使用值再自增，结果仍为 2.5。故空白处填写：

6，2.5

2.本程序段中，指针 p 首先指向数组 a 的起始地址。表达式 *(p+3)+=2 的功能为将数组第四个元素 7 加上 2 变为 9。则输出语句中输出值 *p 和 *(p+3)分别为第一个元素 1 和第四个元素 9。故空白处填写：

1，9

3.本程序段中，第一个 for 语句完成对数组 a 的赋值，赋值结果为 a={1,2,3,4,5,6,7,8,9,10}。第二个 for 语句输出数组 a 中下标为 0、2、4、6、8 的元素，即 1、3、5、7、9。故空白处填写：

13579

4.首先 a[9]的值为 5,则 * (a+a[9])实际为 * (a+5),即数组中的元素 a[5]。故空白处填写:

6

5.程序段中两层 for 语句的功能为将输入字符数组按从大小的顺序排序。输入值为"computer",故空白处填写:

utrpomec

三、程序设计题

1.输入 3×3 整型矩阵即输入一个 3 行 3 列的二维数组。C 语言中,整型数组不能一次性输入,可以用循环语句给数组元素分别赋值。对角线元素为 a[0][0]、a[1][1]和 a[2][2]。

程序参考代码如下:

```c
#include<stdio.h>
int main()
{
    int a[3][3],sum=0;
    int i,j;
    printf("Enter data:\n");
    for(i=0;i<3;i++)
        for(j=0;j<3;j++)
            scanf("%d",&a[i][j]);
    for(i=0;i<3;i++)
        sum=sum+a[i][i];
    printf("sum=%5d\n",sum);
    return 0;
}
```

2.本题中密码的规律实际是将整个字母表逆置。可以将输入的字符放入字符数组中,通过 ASCII 码值的改变实现字符的转换。

程序参考代码如下:

```c
#include<stdio.h>
int main()
{
    int j=0,n;
    char ch[80],tran[80];
    printf("\nPlease input cipher code:");
    gets(ch);
    printf("\ncipher code:%s",ch);
    while(ch[j]! ='\0')
    {
        if ((ch[j]>='A')&&(ch[j]<='Z'))
            tran[j]=155-ch[j];
        else if ((ch[j]>='a')&&(ch[j]<='z'))
            tran[j]=219-ch[j];
        else
```

```
            tran[j]=ch[j];
        j++;
    }
    n=j;
    printf("\noriginal text:");
    for(j=0;j<n;j++)
        putchar(tran[j]);
    printf("\n");
    return 0;
}
```

3. 将一个数组中值的逆序排放。需要将数组中第一个元素和最后一个元素互换,第二个元素和倒数第二个元素互换,直到数组中间元素为止。元素互换可以通过中间变量来完成。

程序参考代码如下:

```
#include<stdio.h>
#define N 5
int main()
{
    int a[N],i,temp;
    printf("Enter array a:\n");
    for(i=0;i<N;i++)
        scanf("%d",&a[i]);
    printf("array a:\n");
    for(i=0;i<N;i++)
        printf("%4d",a[i]);
    for(i=0;i<N/2;i++)
    {
        temp=a[i];
        a[i]=a[N-i-1];
        a[N-i-1]=temp;
    }
    printf("\nNow,array a:\n");
    for(i=0;i<N;i++)
        printf("%4d",a[i]);
    printf("\n");
    return 0;
}
```

4. 可以将 10 个整数放入数组中,首先假定第一个元素是最大的,然后将数组中的其他 9 个元素和第一个元素比较,如果比第一个元素大,就和第一个元素互换,这样就完成第一次比较,最小的元素会放在最后一位;再进行第二次比较,即将新的第一个元素和其后的 8 个元素比较,如果比第一个元素大,再和第一个元素互换,这样就完成第二次比较;……

程序参考代码如下：

```c
void main()
{
    int a[10],i,j,t;
    for(i=0;i<10;i++) scanf ("%d",&a[i]);
    for(i=0;i<9;i++)
        for(j=0;j<8-i;j++)
        {
            if(a[j]<a[j+1])
            {
                t=a[j];
                a[j]=a[j+1];
                a[j+1]=t;
            }
        }
    for(i=0;i<10;i++) printf("%d",a[i]);
    printf("\n");
}
```

5.要求数组元素的平均值,只需先求所以数组元素的和,再除以数组个数即可。

程序参考代码如下：

```c
void main()
{
    float a[10],ave=0; int i;
    for(i=0;i<10;i++) {scanf("%f",&a[i]);ave+=a[i];}
    ave/=10.0;
    printf("%f",ave);
}
```

6.要计算题中公式的值,可以首先计算出数组元素的平均值,然后计算每一个值和平均值的差的平方,再求出所有平方的和即可。

程序参考代码如下：

```c
#define N 10
void main()
{
    float x[N+1],sum;
    int i;
    for(i=1;i<=N;i++) {scanf("%f",&x[i]);x[0]+=x[i];}
    x[0]/=N;
    for(i=1;i<=N;i++) sum+=(x[i]-x[0]) * (x[i]-x[0]);
    printf("result is %f\n",sum);
}
```

第 7 章

一、选择题

1. 当用数组名作为参数传递给函数,实际是将数组的首地址传递给函数。故选 D。

2. 在一个函数内的复合语句中定义的变量只在该复合语句中有效,故 D 错,选 D。

3. C 函数既不能嵌套定义但可以递归调用,故 B 错。函数可以没有返回值,故 C 错。如果申明为外部函数,则可以被其他源程序调用,故 D 错。在 C 中,调用函数时,只能把实参的值传送给形参,形参的值不能传送给实参。故选 A。

4. A 为定义函数的正确格式。B 中,用分号作为分割号;C 中,在定义后加分号;D 中,没有说明 y 的类型。故选 A。

5. 函数调用可以出现在执行语句中,可以出现在表达式中,也可以作为函数的实参,但是不能作为函数的形参。故选 D。

二、填空题

1. C 语言中,一旦程序都是从 main 函数开始执行的。故空白处填写:

main 函数

2. 在 C 语言中,函数由函数名和函数体两部分组成。故空白处填写:

函数说明　函数体

3. 程序段中 sub 函数递归调用了自身,其功能为求自然数 1～n 的和,n 为参数,则输出 sub(5) 的值为 15。故空白处填写:

15

4. 程序段中子函数 sub 的功能为返回参数模 2 的值。

输入 10 后,a 值为 1,在 while 中,sub(a) 的值为 0,a＝a/2 的值为 5,则 e[0] 的值为 0,i＋＋结果为 1。

a 值为 5,在 while 中,sub(a) 的值为 1,a＝a/2 的值为 2,则 e[0] 的值为 1,i＋＋结果为 2。

a 值为 2,在 while 中,sub(a) 的值为 0,a＝a/2 的值为 1,则 e[0] 的值为 0,i＋＋结果为 3。

a 值为 1,在 while 中,sub(a) 的值为 1,a＝a/2 的值为 0,则 e[0] 的值为 1,i＋＋结果为 4。

a 值为 0,while 循环结束。

for 循环用来输出数组 e 下标值从 4 到 1 的元素。故空白处填写:

1010

5. 子函数 increment 的功能为输出 1,则在主函数中调用三次子函数 increment,结果为输出三次 1。故空白处填写:

111

三、程序设计题

1. 题目要求用子函数计算 b^2-4ac,则只需在子函数中写出表达式,并返回计算结果,再用主函数调用即可。

程序参考代码如下:

```
float root(float a,float b,float c)
{
```

```c
    float s;
    s=b*b-4*a*c;
    return s;
}
main()
{
    float x,y,z,u;
    printf("input number\n");
    scanf("%d%d%d",&x,&y,&z);
    u=root(x,y,z);
    printf("%d",u)
}
```

2.长方体的体积为其长、宽、高的乘积。

程序参考代码如下：

```c
#include<stdio.h>
fun(int a,int b,int c)
{
    return("%d",a*b*c);
}
main()
{
    int x,y,z;
    int v;
    printf("请输入长方体的长、宽、高:");
    scanf("%d,%d,%d",&x,&y,&z);
    v=fun(x,y,z);
    printf("长方体体积为:%d\n",v);
}
```

3.闰年的判断条件为能被 4 整除,但是不能被 100 整除,或能被 100 整除又能被 400 整除。

程序参考代码如下：

```c
#include<stdio.h>
run(int x)
{
    if((x%4==0&&x%100!=0)||(x%100==0&&x%400==0))
        return 1;
    else
        return 0;
}
main()
{
    int year,flag;
```

```
        printf("请输入年份:");
        scanf("%d",&year);
        flag=run(year);
        if(flag==1)
            printf("%d 是闰年。",year);
        else
            printf("%d 不是闰年。",year);
}
```

4. 两个数的最大公约数是指能同时被两个数整除的最大的数。两个数的最小公倍数是指两数共有的倍数中最小的一个。用两个数的乘积除以最大公约数即最小公倍数。

程序参考代码如下:

```
#include<stdio.h>
int hcf(int u,int v);
int lcd(int u,int v,int h);
int main()
{
    int u,v,h,l;
    printf("Please enter two integers:");
    scanf("%d %d",&u,&v);
    h=hcf(u,v);
    printf("H. C. F. =%d\n",h);
    l=lcd(u,v,h);
    printf("L. C. D. =%d\n",l);
    return 0;
}
int hcf(int u,int v)
{
    int t,r;
    if(u>v)
    {
        t=u;
        u=v;
        v=t;
    }
    while((r=u%v)!=0)
    {
        u=v;
        v=r;
    }
    return v;
}
int lcd(int u,int v,int h)
```

```
{
    return u * v/h;
}
```

5.将两个字符串连接是指将第二个字符串的值按顺序输入到第一个字符串的后面,组成一个新的字符串。

程序参考代码如下:

```c
#include<stdio.h>
void concatenate(char string1[],char string2[],char string[]);
int main()
{
    char s1[100],s2[100],s[100];
    printf("Please input string1:");
    gets(s1);
    printf("Please input string2:");
    gets(s2);
    concatenate(s1,s2,s);
    printf("The new string is %s\n",s);
    return 0;
}
void concatenate(char string1[],char string2[],char string[])
{
    int i,j;
    for(i=0;string1[i]! ='\0';i++)
        string[i]=string1[i];
    for(j=0;string2[j]! ='\0';j++)
        string[i+j]=string2[j];
    string[i+j]='\0';
}
```

6.首先要判断出是单词还是其他字符,判断出是单词后再比较大小,直到找到最长的单词,输出。

程序参考代码如下:

```c
#include<stdio.h>
#include<string.h>
int alphabetic(char c);
int longest(char string[]);
int main()
{
    int i;
    char line[100];
    printf("Please input one line:\n");
    gets(line);
    printf("\nThe longest word is:");
```

```
        for(i=longest(line);alphabetic(line[i]);i++)
            printf("%c",line[i]);
        printf("\n");
        return 0;
    }
    int alphabetic(char c)
    {
        if((c>='a'&&c<='z')||(c>='A'&&c<='Z'))
            return 1;
        else
            return 0;
    }
    int longest(char string[])
    {
        int len=0,i,length=0,flag=1,place=0,point;
        for(i=0;i<=strlen(string);i++)
            if(alphabetic(string[i]))
                if(flag)
                {
                    point=i;
                    flag=0;
                }
                else
                    len++;
            else
            {
                flag=1;
                if(len>=length)
                {
                    length=len;
                    place=point;
                    len=0;
                }
            }
    }
```

第8章

一、选择题

1. 基类型相同的两个指针变量可以进行比较运算,指向前面的元素的指针变量小于指向后面的元素的指针变量,故 A 对。可以进行赋值运算,运算结果指向一个新地址,故 B 对。可以进行相减运算,结果两个指针之间相差的元素个数,故 D 对。进行相加运算的结果没有意义,所以不能进行相加运算,故选 C。

2.执行语句"＊p＝&x[1];"后,指针 p 指向数组 x 中下标为 1 的元素,"q＝(＊——p)++"中"——p"使得 p 指向数组 x 中下标为 0 的元素,则"＊——p"值为 4,则 q＝4++,所以 q 值为 4。故选 A。

3.变量的指针指该变量的地址。故选 B。

4.字符串 s 中"\t"和"\018"看作两个单独的元素,所以 for 循环共执行 6 次。故选 C。

5.A 与 B 中,字符串中含有字符"ABCDE",系统还会添加结束符"\0"。所以定义的数组长度不对。D 中用 scanf 输入字符串时,要先定义好字符串的长度。C 为正确的赋值操作,故选 C。

6.语句"＊pnum＝&num[2];"使指针 pnum 指向数组中下标为 2 的元素,执行"pnum++"和"++pnum"后,pnum 指向数组中下标为 4 的元素。故选 C。

7.while 循环的功能为统计字符串字符的个数。故选 B。

8.p＝num,则 p 指向数组 num 的起始地址。＊(p+1)＝0,则数组中的下标为 1 的元素变为 0。输出＊p,p[1],分别输出数组中下标为 0 和 1 的元素,即 1 和 0。(＊p)++自增符号在后,结果仍为数组中下标为 0 的元素。故选 B。

9.先 a＝5,则 a 值为 5;再 a＝10,所以 a 值为 10;又 p＝&a 且＊p＝15,所以 a 值为 15。q＝p,则 q＝&a,又＊q＝20,所以 a 值为 20。

b＝＊q,则 b 值为 20;p＝&b,则＊p 仍为 20。

故选 C。

10.A、B、D 计算结果均无意义。p+＝5 为指针 p 向前移动 5。故选 C。

二、填空题

1.C 语言用指针来存放变量的地址。故空白处填写:

指针

2.p＝&a[0][0],则 p 指向数组 a 的首地址。＊p、＊(p+2)和＊(p+4)分别为 1、3 和 5。故空白处填写:

15

3."p1＝a;p2＝b;",则 p1 和 p2 分别指向数组 a 和 b 的首地址。for 循环的功能为比较数组 a 和数组 b 的前 7 个元素,看是否相等,如果相等则输出。数组 a 和 b 中第 4 个元素 g 和第 6 个元素 a 对应相等。故空白处填写:

ga

4.子函数 f 的功能为实现两个参数的互换。主函数中指针 p 和 q 分别指向数组 a 中下标为 0 和下标为 7 的元素。while 循环可以实现当 p<q 时,数组前后元素的互换。实际功能为实现数组 a 元素的逆置。故空白处填写:

87654321

5.p＝&x[1],所以 p 指向数组 x 中下标为 1 的元素,则＊——p 为取数组 x 中下标为 0 的元素 4。故空白处填写:

4

三、程序设计题

1.两字符串的比较实际为两字符串对应位的字符大小的比较。如果两个字符串每个对应位的元素都相等,则两字符串相等,否则,两字符串的比较值为开始不相等的对应位的字符的 ASCII 码值相减。

程序参考代码如下:

```
#include<stdio.h>
int strcmp_1(char * p1,char * p2);
int main()
{
    int m;
    char str1[20],str2[20];
    printf("Please input two strings:\n");
    gets(str1);
    gets(str2);
    m=strcmp_1(str1,str2);
    printf("result:%d\n",m);
    return 0;
}
int strcmp_1(char * p1,char * p2)
{
    int i;
    i=0;
    while( * (p1+i)== * (p2+i))
    {
        if( * (p1+i++)=='\0')
            return 0;
        return ( * (p1+i)- * (p2+i));
    }
}
```

2. 实现对字符串的排序,可以先使用函数 strcmp 对字符串进行比较,如果不满足要求可借中间数组互换。多趟比较后可得出满足要求顺序的数组。

程序参考代码如下:

```
#include<stdio.h>
#include<string.h>
void sort(char s[][20]);
int main()
{
    int i;
    char str[10][20];
    printf("Please input 10 strings:\n");
    for(i=0;i<10;i++)
        gets(str[i]);
    sort(str);
```

```
        printf("Now,the sequence is:\n");
        for(i=0;i<10;i++)
            printf("%s\n",str[i]);
        return 0;
}
void sort(char s[][20])
{
    int i,j;
    char * p,temp[20];
    p=temp;
    for(i=0;i<9;i++)
        for(j=0;j<9;j++)
            if(strcmp(s[j],s[j+1])>0)
            {
                strcpy(p,s[j]);
                strcpy(s[j],s[j+1]);
                strcpy(s[j+1],p);
            }
}
```

3.求字符串的长度可以通过设置一个记数变量来实现,在字符串中每找到一个字符就将记数变量加 1,直到出现字符串结束符为止。则记数变量的值为字符串的长度。

程序参考代码如下:

```
#include<stdio.h>
int strlen_1(char * s);
int main()
{
    char str[100];
    printf("Please enter a string:\n");
    gets(str);
    printf("The length of the string is:%d\n",strlen_1(str));
    return 0;
}
int strlen_1(char * s)
{
    int n=0;
    char * p;
    for(p=s; * p! ='\0';p++)
        n++;
    return n;
}
```

第 9 章

一、选择题

1. typedef 用来申明新的类型名来代替已有的类型名。所以 NEW 是一个新的类型名，实际为结构体类型。故选 C。

2. 程序段中定义了 struct person 类型的数组 class，并赋初值。赋值结果为 person[1] 中 name 数组中的 H 的值为 72。故选 C。

3. B 中未给出数组 std 的下标值，所以无法正确输入。故选 B。

4. struct 是结构体类型的关键字，故 A 对。定义了 struct ex 是结构体类型，故 D 对。定义了 example 为结构体类型变量，故 B 错，选 B。

5. p 为指向数组 a 首地址的指针变量，则 A 中表达式值为 7。B 和 C 中自增符号在数值后，所以先取 5 再自增。D 中表达式值为 ++5，故选 D。

6. 在子函数 f 中，参数 name 为指针变量，采用地址传递的方式，而参数 num 为整型变量，采用值传递方式。故选 A。

7. 结构体类型变量中，所有成员共用相同的存储空间，空间大小等于成员中占空间最多的那个成员大小。s=&a，s 指向共用体变量 a 的初始地址。赋值 "s->i[0]=0x39" 和 "s->i[1]=0x38" 后，i[0] 的值会放在低字节，即 i[2] 值为 0x3839。又因为在 VC++ 中，系统会为 int 型分配 4 个字节的空间，故选 A。

8. malloc 的功能是申请内存空间，执行 "p=(char *)malloc(sizeof(char) * 20);q=p;" 后，p 和 q 指向相同的内存空间。所以用 p 和 q 输入和输出的内容实际上是同样的内容。故选 A。

9. 在 VC++ 中，系统会为共用体变量 r 分配 8 个字节的存储空间。执行 "s->i[0]=0x39" 后，r 的最底字节的值为 0x39。而在共用体结构中，变量占用相同的存储空间，所以 s->c[0] 的的值实际为 0x39，用字符格式输出为字符 9。故选 B。

10. 本题同样考查共用体变量占用相同的存储空间。故选 C。

11. typedef int * INTEGER 的功能为声明 INTEGER 为整型指针类型。故选 B。

12. C 中，aa 为变量名，所以不能用 aa 再去定义其他的变量，故 C 错，选 C。

13. 本程序段中，调用函数 f 后，对主程序中的数组并为产生任何影响，所以输出为 "struct STU s[3]={{"Cuiyan",121,70},{"Liguijuan",123,58}};" 中数组下标为 1 的所有元素。故选 D。

14. A 中 pt->y 为数组 a 的首地址，则 *(* pt->y) 值为 a 的第一个元素 1。故选 A。

15. stu[3] 的下标值为从 0 到 2，故 D 错，选 D。

16. q=s，则 q 指向链表首节点。s=s->next，p=s，则 s 和 p 皆指向第二个节点。while(p->next) p=p->next，则 p 指向链表尾节点。p->next=q，q->next=NULL，则将 p 指向首节点，将原首节点变为尾节点。故选 A。

17. 结构体变量所占内存长度是各成员占的内存长度之和，而共用体变量所占内存长度等于最长成员的长度。共用体变量和结构体变量中的所有成员可以是不同数据类型。故 B 错，选 B。

18. r—>next=q,则 q 为 r 的下一个节点。q—>next=r—>next,则 q 指向其自身,链表断裂,故 A 错,选 A。

19. 输出项中 s[1]. Score 的值为数组 s[5] 中下标为 1 的元素的 Score 成员的值,故为 580。而程序中后两个 for 循环的功能为数组 p[i] 中的元素按 Score 成员的值从大到小排序。所以第二位的 Score 的 680。故选 D。

20. data. a=5 是向成员 a 赋值,此时成员 b 和 c 没有意义,因此输出语句"printf ("%f\n",data. c)"是不成立的。故选 C。

21. C 中,如使用—>运算符,正确的格式为 c—>green,故 C 错,选 C。

二、填空题

1. 结构体变量中成员引用的正确方式为:结构体变量.成员名。故空白处填写:

st. num

2. * p=m, * q=m+4,p 和 q 指针分别指向链表 m 的首节点和尾节点。while 循环中 "p—>k=++i;p++;"和"q—>k=i++;q——;"分别从链表的收节点和尾节点开始赋值,到链表中间节点结束。赋值结果为 13431。for 循环输出链表中的成员 k 的值。故空白处填写:

13431

3. student 中占空间最大的成员为 score[4],长度为 4 * 4=16,所以该共用体占空间为 16。则 sizeof(a) 为 16 * 5=80。故空白处填写:

80

4. 第一个空白处应填写循环的结束条件,即判断是否到链表尾部。第二个空白处应填写循环增量,即指针的移动。故空白处填写:

p 或 p!=0 或 p!=NULL 或 p!='\0'   p—>next

5. sizeof(test) 的值为 a 的长度。故空白处填写:

4

三、程序设计题

1. 找出最低成绩可以先假定第一个成绩是最低的,然后采用比较法找出所有学生中的成绩最低者。

程序参考代码如下:

```c
#include<stdio. h>
#include<string. h>
#define N 10
typedef struct as
{
    char num[10];
    int s;
}STR;
fun(STU a[], STU * s)
{
    STU h;
    int i;
    h=a[0];
```

```
    for(i=1;i<n;i++)
        if(a[i].s<h.s)
            h=a[i];
        * s=h;
}
main()
{
    STU a[N]={{"A01", 81},{"A02", 89},{"A03", 66},{"A04", 87},{"A05", 77},{"A06", 90},
            {"A07", 79},{"A08", 61},{"A09", 80},{"A10",71}},m;
    int i;
    printf(" * * * * * The original data * * * * * \n");
    for(i=0;i<N;i++)
        printf("No. = %s Mark= %d\n",a[i].num,a[i].s);
    fun(a, &m);
    printf(" * * * * * THE RESULT * * * * *\n");
    printf("The lowest :%s, %d\n",m.num, m.s);
}
```

2.求年龄最大者的原理和上一题相同,都可以采用比较法。
程序参考代码如下:

```
#include<stdio.h>
typedef struct
{
    char name[10];
    int age;
}STD;
STD fun(STD std[];int n)
{
    STD max;
    int i;
    max= std[0];
    for(i=1;i<n;i++)
        if(max.age<std[i].age)
            max=std[i];
    return max;
}
main()
{
    STD std[5]={"aaa",17,"bbb",16,"ccc",18,"ddd",17,"eee",15};
    STD max;
    max=fun(std,5);
    printf("\nThe result:\n");
    printf("\nName :%s, Age :%d\n", max.name,max.age);
}
```

3.可将人员定义为结构体类型,包括记录号和年、月、日。然后用结构体类型定义出数组存放人员信息。要找出指定编号人员的数据可以使用比较法来完成。

程序参考代码如下:

```c
#include<stdio.h>
#include<string.h>
#define N 8
typedef struct
{
    char num[10];
    int year, month ,day;
}STU;
stu fun(STU * std, char * num)
{
    int i;
    STU a={"", 9999, 99, 99};
    for(i=0;i<N;i++)
        if(strcmp(std[i].num)==0)
            return(std[i]);
    return a;
}
main()
{
    STU std[N]={{"111111", 1984, 2, 15},{"222222", 1983, 9, 21},{"333333", 1984, 9, 1},
                {"444444", 1983, 7, 15},{"555555", 1984, 9, 28},{"666666", 1983, 11, 15},
                {"777777", 1983, 6, 22},{"888888", 1984, 8, 19}};
    STU p;
    char n[10]= "666666";
    p = fun(std,n);
    if(p.num[0] ==0)
    {
        printf("\nNot found ! \n");
    }
    else
    {
        printf("\nSucceed ! \n");
        printf("%s   %d-%d-%d\n",p.num, p.year, p.month, p.day);
    }
}
```

4.要找出分数最高学生可以使用比较法完成。

程序参考代码如下:

```c
#include<stdio.h>
```

```
#define N 16
typedef struct
{
    char num[10];
    int s;
}STREC;
int fun(STREC * a, STREC * b)
{
    int i,j=0,n=0,max;
    max=a[0].s;
    for(i=0;i<N;i++)
        if(a[i].s>max)
            max=a[i].s;
    for(i=0;i<N;i++)
        if(a[i].s==max)
        {
            *(b+j)=a[i];
            j++;
            n++;
        }
        return n;
}
main()
{
    STREC s[N]={{"GA05", 85},{"GA03", 76},{"GA02", 69},{"GA04", 85},{"GA01", 91},
                {"GA07", 72},{"GA08", 64},{"GA06", 87},{"GA015", 85},{"GA013", 91},
                {"GA012", 64},{"GA014", 91},{"GA011", 77},{"GA017", 64},
                {"GA018", 64},{"GA016", 72}};STREC h[N];
    int i, n;
    FILE * out;
    n=fun ( s, h);
    printf("The %d highest score :\n",n);
    for(i=0;i<n;i++)
        printf("%s %4d\n",h[i].num,h[i].s);
    printf("\n");
    out=fopen("out.dat","w");
    printf(out, "%d\n",n);
    for(i=0;i<n;i++)
        printf(out, "%4d\n",h[i].s);
    close(out);
}
```

第 10 章

一、选择题

1.C 语言中编译预处理命令都是以♯开头。故选 A。

2.文件包含指一个源文件将另一个源文件的全部内容包含进来。按照 C 的规定,故 B 正确。选 B。

3.在程序的编译过程中可以发现所有的语法错误,故 B 错,选 B。

4.预处理命令行可位于源文件的任何位置,故 A 错,选 A。

5.宏替换不占用程序的运行时间,只占编译时间。故选 D。

6.a＝S(k+1),则 a＝ k+1 * k+1,代入 k 值,结果为 7。故选 B。

7.NUM 值为 2 * N+1+1,代入 N 值为 6,所以循环执行 6 次。故选 B。

8.F(++a,b++)值为(++a) * (b++),代入 a、b 值,结果为 16。故选 C。

9.f(4+4)/f(2+2)值为 4+4 * 4+4/2+2 * 2+2＝28。故选 A。

10.c+MAX(a,b)展开为:c+a＞b? a:b。因为"+"的优先级大于"＞",所以运算结果为 5。故选 B。

11.r 值为 16,所以输出十六进制格式。故选 B。

12.fun(a,0,N/2)的结果为将数组 a 的 a[2]～a[6]值变为 2,3,4,5,6。则 for(i＝0;i＜5;i++) printf("%d",a[i])输出数组 a 的 a[0]～a[4]值为 1,2,2,3,4。故选 D。

二、填空题

1.按 C 语言规定,空白处填写:

宏定义　文件包含　条件编译

2.LENGTH * 20 展开为(80+40) * 20,故空白处填写:

2400

3.c 为 a 和 b 交换的中间变量,故空白处填写:

c

4.要实现 i 和 j 分别加 1 后相乘。故空白处填写:

(n+1) * (m+1)

5.将 MCRA 和 MCRB 分别展开,代入。故空白处填写:

55

6.宏展开后,k 的值为 4,故空白处填写:

4

第 11 章

一、选择题

1.0x 开头的为十六进制数,则 b 为 0011|1000,结果为 1011,左移一位为 10110。转换为十进制,选 D。

2.0111^0011 结果为 4,0100|0011 结果为 7。故选 D。

3.＋优先级高于^,将 a,b 和 c 转换为二进制运算,故选 B。

4.可将 x 和 y 转换成二进制运算,故选 C。

5.在 C 语言中,A、B、C、D 优先级的顺序为:～高于＋高于 & 高于|。故选 C。

二、填空题

1.C 语言中,有位逻辑运算和移位运算两类位运算。故空白处填写:

位逻辑运算　移位运算

2.位逻辑运算有"按位与"、"按位或"、"按位异或"和"取反"运算符。其中按位取反只有一个运算对象。故空白处填写:

～

3.将所有数据转换成二进制运算。故空白处填写为:

01010101

4.0010 和 0011 按位与的结果为 0010。故空白处填写:

2

5.按照运算符的优先级,首先进行左移运算,再进行按位异或运算。故空白处填写:

00010100

三、程序设计题

1.要取出一个数的某些位,可以先将该数转换成二进制形式,然后将需要保留的位和 1 按位与,其余位和 0 按位与即可。

程序参考代码如下:

```c
#include<stdio.h>
void main()
{
    unsigned short int getbits(unsigned short value,int n1,int n2);
    unsigned short int a;
    int n1,n2;
    printf("input an octal number:");
    scanf("%o",&a);
    printf("input n1,n2:");
    scanf("%d,%d",&n1,&n2);
    printf("result:%o\n",getbits(a,n1-1,n2));
}
unsigned short int getbits(unsigned short value,int n1,int n2);
{
    unsigned short int z;
    z=~0;
    z=(z>>n1) & (z<<(16-n2));
    z=value & z;
    z=z>>(16-n2);
    return(z);
}
```

2.一个正数的补码和原码相同,负数的补码为其反码加1。

程序参考代码如下:

```
#include<stdio.h>
void main()
{
    unsigned short int a;
    unsigned short int getbits(unsigned short);
    printf("\ninput an octal number:");
    scanf("%o",&a);
    printf("result:%o\n",getbits(a));
}
unsigned short int getbits(unsigned short);        /* 求一个二进制造补码函数 */
{
    unsigned int short z;
    z=value&0100000;
    if(z==0100000)
    z=~value+1;
    else
    z=value;
    return(z);
}
```

第 12 章

1.数学函数库的头文件为 math.h。故选 C。

2.文件包含使用 include,且 include 前需加#号。故选 A。

3.当顺利执行了文件关闭操作时,fclose 函数的返回值是 0,否则返回-1。故选 C。

4.fgetc 函数用来从指定文件读入一个字符,该文件必须以读或读写方式打开。故选 C。

5.fputc 函数用来像磁盘写入字符。如成功,返回输出的字符;如失败,返回-1。故选 D。

6.对文件的读(写)操作完成之后,必须将它关闭,否则可能导致数据丢失。故选 D。

7.stdin 是系统自动定义的三个文件指针之一。从 stdin 所指文件输入数据,就是从键盘输入数据。故选 A。

8.stdout 也是系统自动定义的三个文件指针之一。系统的标准输出文件 stdout 是指显示器。故选 B。

9.在高级语言中,对文件读写之前应该先打开文件,读写结束后要关闭文件。故选 A。

10.打开文件用 fopen 函数完成。非空文件已经存在且打开用于修改,则应使用读写方式。故选 D。

11.读写方式打开一个二进制文件使用"rb+"方式。故选 C。

12.C 语言可以处理文本文件和二进制文件。故选 B。

13.打开文件使用 fopen 函数,路径为 A:\\user\\abc.txt,进行文本文件进行读、写操作使用 r+。故选 B。

14. 对文件操作必须先打开文件。故选 B。

15. C 语言把文件看作一个字符的序列，可分为 ASCII 码字符序列和二进制数据序列，实际是一个字节流或二进制流。故选 C。

16. 函数 feof(fp) 的功能为检测是否到文件末尾。如果是，则返回真。故选 B。

17. 函数 fseek 可以改变文件的位置指针。Rewind 函数可以使文件位置指针重新置于文件开头。故选 D。

18. fopen(fn,"w") 为读写建立一个新的文本文件。fputs(str,fp) 把字符串输出到指定文件。Fclose 关闭文件。则 writeStr("t1.dat","start") 建立文件 t1.dat，输入内容 start。writeStr("t1.dat","end") 建立文件 t1.dat，输入内容 end。所以 t1.dat 中内容为 end。故选 B。

19. 用"a"方式打开的文件向文本文件尾添加数据。故 C 错，选 C。

20. wb 是为输出而打开一个二进制文件，故选 A。

21. wb+ 是为读写建立一个新的二进制文件 abc.dat。fwrite 把数据项"abcd"写入到指定文件 abc.dat。fseek 改变指针到指定位置。fread 用来读取数据项。所以最终输出结果为 d。故选 A。

22. fseek 使位置指针从文件末尾向前移 2 * sizeof(int) 字节。故选 A。

23. 最终文件中的内容为 Basic。故选 C。

24. 用 fprinft 函数写入数据时，ASCII 码会转换为二进制形式存储。故选 A。

25. 使用 fopen 函数打开文件时，文件名和打开方式都应用双引号括起来。故选 A。

二、填空题

1. 空白处可填写：

"d1.dat","rb" 或 "d1.dat","r+b" 或 "d1.dat","rb+"

2. 空白处可填写：

fgetc(fp)!=EOF 或 !feof(fp)

3. 程序功能为读取文件中 8−1=7 个字符输出。故空白处填写：

Hello,e

4. 空白处可填写：

"bi.bat","w" 或 "bi.bat","w+" 或 "bi.bat","r+"

三、程序设计题

1. 打开文件使用 fopen 函数，把字符写入磁盘文件可以用 fputc 函数完成。

程序参考代码如下：

```c
#include<stdio.h>
#include<stdlib.h>
#define n 80
main()
{
    SFILE * fp;
    int i=0;
    char ch;
```

```
    char str[N]="I'm a students!";
    if((fp=fopen(out.dat))==NULL)
    {
        printf("cannot open out52.dat\n");
        exit(0);
    }
    while(str[i])
    {
        ch=str[i];
        fputc(ch,fp);
        putchar(ch);
        i++;
    }
    fclose(fp);
}
```

2.首先可以分别建立 A 文件和 B 文件,并向其中写入内容。然后再在文件 A 中追加写入文件 B 的内容。

程序参考代码如下:

```
#include<stdio.h>
#include<stdlib.h>
main()
{
    FILE *fp, *fp1, *fp2;
    int i;
    char c[N], ch;
    fp=fopen("A.dat","w");
    fprintf(fp, "I'm File A.dat! \n");
    fclose(fp);
    fp=fopen("B.bat","w');
    fprintf(fp, "I'm File B.dat! \n");
    fclose(fp);
    if((fp=fopen("A.dat","r"))==NULL)
    {
        printf("file A cannot be opened\n");
        exit(0);
    }
    printf("\n A contents are :\n\n");
    for(i=0;(ch=fgetc(fp))!=EOF;i++)
    {
        c[i]=ch;
        putchar(c[i]);
    }
```

```c
    fclose(fp);
    if((fp=fopen("B. dat","r"))==NULL)
    {
        printf("file B cannot be opened\n");
        exit(0);
    }
    printf("\n\n\nB contents are :\n\n");
    for(i=0;(ch=fgetc(fp))!=EOF;i++)
    {
        c[i]=ch;
        putchar(c[i]);
    }
    fclose(fp);
    if(fp1=fopen("A. dat","a")) && (fp2=fopen("B. dat","r")))
    {
        while((ch=fgetc(fg2))!=EOF)
            fputc(ch,fp);
    }
    else
    {
        printf("Can not open A B ! \n");
    }
    fclose(fp2);
    fclose(fp1);
    printf("\n * * * * * * * * new A contents * * * * * * * * * \n\n");
    if((fp=fopen("A. dat","r"))==NULL)
    {
        printf("file A cannot be opened\n");
        exit(0);
    }
    for(i=0;(ch=fgetc(fp))! =EOF;i++)
    {
        c[i]=ch;
        putchar(c[i]);
    }
    fclose(fp);
}
```

附录二

全国计算机等级考试二级笔试试卷（C语言程序设计）解析

2010 年 3 月

一、选择题

1. 对分法查找不适用于链表，所以 B、C、D 是错误的。对长度为 n 的有序链表进行查找，最坏情况是查找到最后的结点，即比较次数为 n。故选 A。

2. 算法的时间复杂度是指执行算法所需要的计算工作量，可以用算法在执行过程中所需要的基本运算次数来衡量。故选 D。

3. 操作系统是最基本的系统软件，而编辑软件、教务管理系统和浏览器都属于应用软件。故选 B。

4. 软件（程序）调试的任务是在软件测试的基础上，诊断和改正程序中的错误。故选 A。

5. 结构化方法的需求分析是以数据流程图和数据图等为主要工具，建立系统的逻辑模型。故选 C。

6. 软件生命周期的开发阶段含概要设计、详细设计、实现、测试等内容。故选 B。

7. 数据定义语言是负责数据的模式定义与数据的物理存取构建的。故选 A。

8. 某一个学生信息对应二维表中的某一行，即关系中的一条记录。故选 D。

9. E-R 图是 E-R 模型的一种非常直观的图形表示方法，它描述信息结构但不涉及信息在计算机中的表示，是数据库概念设计阶段的工具。故选 C。

10. 从关系 R 中选择两行得到 T。故选 A。

11. C 语言没有过程的概念。C 语言中只能对源程序单独编译，不能对函数单独编译，但函数可以作为单独文件存在。故选 B。

12. 变量名和关键字中间不能有注释。故选 A。

13. 标识符由字母、数字、下画线组成，并且第一个字符必须为字母或下画线。故选 D。

14. ％运算要求两边的操作数必须为整数。故选 C。

15. 回车也是一个字符，第一个回车被 getchar 函数读给变量 c，字符 4 和后面的回车没有被读取。故选 C。

16. C 语言中没有逻辑型数据。故选 D。

17. a＝＝1 和 a!＝1 的两个关系是相互对立，肯定有一个成立，所以逻辑或运算后值肯定为 1。故选 A。

18.B 中,当 a 为 1 时,a==1 成立,执行 case 1;当 a 不为 1 时,a==1 不成立,执行 case 0。故选 B。

19.C 的功能与题目完全等价。

20.外层循环第二次,内层循环第一次时,执行 break 退出内层循环,此时外层循环也是最后一次循环,所以同时退出,最后输出 m 值为 6。故选 A。

21.变量 a 的初值为 1,a<8 时执行循环共执行三次,最终 a 值为 10,b 值为 14。故选 D。

22.八进制数 011 转换为十进制数为 9,后缀 k++ 表示先输出 k 值再加 1,所以输出 9。故选 D。

23.C 是错误的初始化;B、D 中字符数组 S 的大小至少为 8,才能存放下字符串。故选 A。

24.自定义函数中可以根据不同情况设置多条 return 语句,A、C、D 均是错误的。故选 B。

25.C 语言进行数组定义的时候没有 A 的定义方法;B 错误,因为定义数组时如不赋初值的话一定要指明数组大小;C 错误,不能用变量来定义数组大小。故选 D。

26.本题中函数输出为:b,B;主程序输出为:b,A。因为在调用函数时,把实参的值传给形参,形参的改变不会影响到实参值。故选 A。

27.语句"int(* pt)[3];"是定义了一个名为 pt 的指针变量,它指向每行有三个整数元素的二维数组。故选 D。

28.数组名是代表数组的首地址即元素 a[0] 的地址。故选 B。

29.本题中实际是求 s=a[0]+a[2]+a[1]+a[3]+a[0] 的值,值为 11。故选 C。

30.
第一次外层循环:i=0 t=t+b[0][b[0][0]]=t+b[0][0]=1+0=1
第二次外层循环:i=1 t=t+b[1][b[1][1]]=t+b[1][1]=1+1=2
第三次外层循环:i=2 t=t+b[2][b[2][2]]=t+b[2][2]=2+2=4
故选 C。

31.strlen 函数是返回字符串的长度,求长度时遇到"\0"结束,长度不包括"\0"。所以 strlen(sl) 值为 5;s2 中的"\\"为代表"\"的转义字符也是 1 个字符,所以 strlen(s2) 值也为 5。故选 A。

32.数组名代表数组首地址。调用函数 fun() 进行参数传递后,形参指针 x 获得数组首地址,即指向 a[0];形参变量 i=2。执行后,a[0] 变为 3,a[2] 不变。返回到主程序,输出数组 a 前 4 个元素:3 2 3 4。故选 C。

33.函数 f 调用后,实参数组 a 和形参数组 t 占用相同的内存单元,可以认为是同一数组。最后结果为 10。故选 B。

34.函数 fun 中的 x 为静态局部变量,占用固定的内存单元,下一次调用时仍可保留上次调用时的值。第一次调用时 x 为 2,第二次调用直接用上次 x 为 2 的值,最终 s 的值为 4。故选 C。

35.d=SUB(a+b) * c=(a+b)−(a+b) * c=5−25=−20。故选 C。

36.B 的赋值是错误的。故选 B。

37.本题中形参的改变是不会影响到实参的值。故选 A。

38.在结构体类型中定义另一个结构体类型后,引用内嵌结构体类型的成员时,必须逐级引用成员名进行定位。故选 D。

39.a/b&c = 2/2&2 = 1&2 = 0。故选 A。

40.本题是以文本只写方式打开文件 myfile.dat,写入字符串"abc"。再以文本追加方式重新打开 myfile.dat,写入'2'和'8'。再使文件指针定位在文件开头,读取字符串到字符数组 str 中,输出 str 中的字符串"abc28"。故选 C。

二、填空题

1.队列的存取原则为先入先出,退队和入队顺序相同。故空白处填写:

A,B,C,D,E,F,5,4,3,2,1

2.循环队列中元素个数:尾指针减去头指针,若为负值,再加上队列容量:n=10−45+50=15。故空白处填写:

15

3.后序遍历的顺序:左子树、右子树、根节点。故空白处填写:

E,D,B,G,H,F,C,A

4.程序

5.关系选课是将关系学生、课程关联起来,所以应该采用两关系的主键。故空白处填写:

课号

6.(x%3==0)&&(x%7==0)

7.else 的配对原则:与上面最近的、未配对的 if 语句配对。故空白处填写:

4

8.依次分析当 m=n 时,退出循环,此时 m=7,n=7。故空白处填写:

7

9.外层循环第一次输出结果:123;第二次输出结果:56;第三次输出结果:9。故空白处填写:

123569

10.while 循环执行 3 次:第一次输出 1,第二次输出 3;第三次输出为 5。故空白处填写:

135

11.i=0 时输出 10;i=1 时输出 14;i=2 时输出 18。故空白处填写:

101418

12.函数调用后,形参指针获得实参数组的首地址,指向该字符串。

n=strlen(str)=6　　temp=str[5]='f'

for 循环 5 次(i=5 到 1),元素依次后移。

(1)str[5]=str[4]='e'

(2)str[4]=str[3]='d'

(3)str[3]=str[4]='c'

(4)str[2]=str[1]='b'

(5)str[1]=str[0]='a'

最后将 temp 赋给 str[0]=temp='f'。返回到主程序输入字符串 s,故空白处填写:

fabcde

13. x 除以 10 的余数即个位数字,故空白处填写:

x% 10

14. 程序功能是在循环中对字符串中所有字符进行判断,如果不是空格就存放到 s[j] 中,同时下标 j 增加 1;如果是空格则跳过。当统计到最后一个非空格字符时,下标 j 增 1,此时 s[j] 恰好用来存放结束标志,所以退出循环后应立即删除空格后的字符串后面加上结束标志,故空白处填写:

s[j]='\0'

15. 第二个 for 循环中指针 s 是用来记录最大值的地址。故空白处填写:

s=p

2010 年 9 月

一、选择题

1. 顺序存储结构中每个节点只需要存放表中的数据元素,而链式存储结构每个节点除了存放表中的数据元素外,还要存放指针域,所以链式存储结构所需存储空间一般要多于顺序存储结构。故选 B。

2. 堆栈中栈底指针不变,栈中元素随栈顶的变化而动态变化。故选 C。

3. 软件测试目的是尽可能多的发现软件中的错误。故选 D。

4. 软件危机包括成本、质量、生产率等。故选 A。

5. 软件生命周期指软件产品从提出、实现、使用维护到停止使用退役的过程。故选 A。

6. 在面向对象的软件技术中,继承是指子类自动共享基类中定义的数据以及方法的机制。故选 D。

7. 划分原则是根据数据之间的联系方式。故选 D。

8. 题中的实体工作人员和实体计算机的联系属于多对多。故选 C。

9. 数据库系统有三级模式:概念模式、外模式、内模式。其中外模式位于最外层,反映了用户对数据的要求。故选 C。

10. 按照题意,是自然连接的操作。故选 A。

11. 一个结构化程序可以由顺序、分支、循环三种结构中的一种或多种组成,限制使用 goto 语句,由三种基本结构构成的程序可以解决任何复杂的问题。故选 C。

12. 简单程序设计的步骤:确定数据结构与算法、编码、调试程序、整理文档。故选 B。

13. 计算机内各种数据的处理都是以二进制方式进行的。故选 B。

14. % 运算符要求两边的操作数必须为整数。故选 A。

15. A 错误:C 语言中整数没有千位分隔符的表示形式;B 错误:指数形式时,E 后面的数必须为整数;C 错误:表示字符斜杠需使用转义字符"\\"。故选 D。

16. a+=a—=(a=9),表达式值为 0。故选 D。

17. C 语言中没有<>,故 A 错,选 A。

18. else 配对原则:与它上面最近的未配对的 if 语句配对。故选 A。

19. A 错误:% 要求两边的操作数必须是整数;B 错误:switch 表达式不是整型;D 错误:case 后面的表达式与 switch 不一致。故选 C。

20.

第一次循环(a=1):b=1+2=3 a=1+2+3 b=3%10=3

第二次循环(a=3):b=3+3=6 a=3+2=5 b=6%10=6

第三次循环(a=5):b=6+5=11 a=5+2=7 b=11%10=1

a=7>6,退出循环。故选 B。

21."y－－"非 0 值时就始终循环;为 0 时终止循环。循环终止后,y 值还要减 1,最后输出－1。故选 B。

22.s 表示数组的首地址,指向数组第一个元素 s[0],＊s＋2 表示 s 所指向的字符的 ASCII 码值加 2,所以输出结果是 t。故选 C。

23.sizeof(x)是求数组 x 的总字节数,为 7;strlen(x)在计算字符串的长度时,遇到结束标志即止,且长度不包括结束标志。所以 strlen(x)=0。故选 B。

24.题中三次调用 f 函数,运行后的输出结果是 8。故选 D。

25.＊p 为指针,本身为地址。故选 C。

26.int ＊p[4]相当于 int ＊(p[4])。故选 C。

27.A 错误:因为 N 为变量不能用来定义数组大小。C 错误:C 语言中没有此种定义数组的方法。D 错误:定义数组时如不指明数组大小,需要给定初值的个数。故选 B。

28.i 是变量,变量不能用来定义数组大小。故 D 错,选 D。

29.本题重点在分清实参指针 r 和形参指针 p 之间的关系。故选 D。

30.main 中调用 fun 函数,将实参数组名 aa 传给形参指数 a。而函数 fun 功能是对下标为偶数的元素按从小到大的顺序排序,奇数下标的元素不变。故选 A。

31.C 语言中字符串的比较只能通过 strcmp 函数进行。故选 A。

32.C 不能将 s 所指字符串的结束标志复制到 t 所指的空间中。故选 C。

33.本题相当于将字符串"ABCD"和"IJK"连接起来。故选 B。

34.调用 fun 函数后,实参数组名 s1 传给形参指针 p,p 也指向数组 s1。故选 C。

35.执行过程是先执行完 fun(3)后,再执行 print(7)。故选 D。

36.x 为静态局部变量,占用固定的内存单元,下一次调用时仍保留上次调用时的值。输出为 21。故选 B。

37.先定义三个基类型为 int 的指针 a、b、c;再用 malloc 函数分配存储空间,接下来的赋值;最后输出三个指针所指向内存单元的内容:3 3 3。故选 A。

38.在 VC++平台上,int 类型占用 4 个字节,double 类型占用 8 个字节。故选 C。

39.本题是结构体类型 struct S 重新声明一个新类型名 T,所以 T 可以用来定义结构体变量。故选 B。

40.本题中,c 经过运算后是原来的 2 倍,所以应左移一次。故选 D。

二、填空题

1.堆栈的存取原则:先入后出,后入先出。故空白处填写:

1DCBA2345

2.n－1

3.总节点数＝度为 2 的节点数＋度为 1 的节点数＋度为 0 的节点数＝7＋10＋8＝25个。故空白处填写:

25

4.结构化

5.物理设计

6.010 是一个八进制常量,对应的十进制数为 8。故空白处填写:

2008

7.%2d 使 x 取 12,%1d 使 y 取 3,所以最后输出 x+y 的值为 15。故空白处填写:

15

8.非 0

9.n[1]=n[0]*3+1=1;n[2]=n[1]*3+1=4;n[3]=n[2]*3+1=13;n[4]=n[3]*3+1=40。故空白处填写:

1　4　13　40

10.k 用来存放比较过程中的最小值所在位置的下标,初始值为 0,只要某元素比 x[k] 小,就要将 i 赋给 k。故空白处填写:

i

11.主程序中 r 指向 m,调用函数 f(r,&n)时,实参传递给形参。形参 p 指向 m,q 指向 n,*p 的值为 m 值 1,*q 的值为 n 值 2,所以函数返回值为 q 返回给主程序中的指针 r,最后输出 *r 的值为 n 值 2。故空白处填写:

2

12.变量 row、col 是用来存放比较中最大值所在位置的下标,初始值为 0,比较过程中只要某个元素比 a[row][col]大,就记下这个位置(row=i; col=j;),所有元素比较完后,a[row][col]为数组最大值,作为函数返回值返回。故空白处填写:

a[row][col]

13.3

14.程序中,指针 p 用来对数组元素进行遍历,指针 s 用来记录比较过程中最大值的地址。循环完成后 p 指向最大值所在元素,所以最后输出最大值。故空白处填写:

*s

15.程序中 fp 为指向文件的指针。故空白处填写:

FILE * fp

2011 年 3 月

一、选择题

1.栈是允许在同一端进行插入和删除操作的特殊线性表。允许进行插入和删除操作的一端称为栈顶,另一端为栈底;栈底固定,而栈顶浮动;栈中元素个数为零时称为空栈。栈也称为后进先出表。故选 A。

2.有一个以上根结点的数据结构一定是非线性结构,而有一个根结点的数据结构不一定是线性结构,如双向链表、循环链表和二叉树都是线性结构。故选 B。

3.在任意一棵二叉树中,若终端结点的个数为 n_0,度为 2 的结点数为 n_2,则 $n_0=n_2+1$。题中叶子结点为 1,则结点度为 2 的结点数为 0,所以其他结点度都为 1。故选 D,深度为 7。

4. 在软件开发中,需求分析阶段产生的主要文档是软件需求规格说明书。故选 D。

5. 结构化程序所要求的基本结构包含:顺序结构、选择分支结构、循环结构。故选 B。

6. 系统总体结构图是对软件系统结构的总体设计的图形显示。B、C、D 均是正确的。故选 A。

7. 用户通过数据操纵语言可以实现对数据库的基本操作。例如,对表中数据的查询、插入、删除和修改等。故选 C。

8. 本题中教师与课程是多对多的关系。故选 D。

9. 依题意本题为除的操作。故选 C。

10. 无符号整数,只有 369 符合要求,故选 B。

11. C 语言是属于编译型语言,不是解释性语言,故选 A。

12. C 语言源程序经过编译链接生成的.exe 文件可以在没有安装 C 语言集成开发环境的机器上运行。A、B、C 均正确。故选 D。

13. A 语法错误,C 和 D 分别为数值常量和字符串常量。故选 B。

14. e 前面必须要有数字,e 之后的指数必须是整数。故选 A。

15. 不能对赋值表达式本身再赋值。故选 A。

16. C 语言在输入多个字符串的时候,以空格作为字符串之间的分隔符。本题中要输入两个变量值的话,应该用回车作为分隔符,所以本题中只是输入了第一个变量的值。故选 A。

17. if 语句中"表达式"可以是逻辑值也可以是任意合法的数值。故选 C。

18. 八进制数 011 是十进制数 9,再自加 1,所以输出为 10。故选 C。

19. 读入 1 时,输出为 65;读入 2 时,输出为 6;读入 3 时,输出为 64;读入 4 时,输出为 5;读入 5 时输出为 6,读入 0 时,执行结束。故选 A。

20. 当产生的随机数 n 为 4 时循环会继续;当产生的随机数 n 为 1 或 2 时,会执行 case 1 或 case 2 后面的相应语句。当产生的随机数 n 为 0 时结束程序运行。故选 D。

21. 当 s 为"\0"时,for 循环结束。此时满足 if 语句条件的只有 0、1、2,所以 n 最后的值为 3。故选 B。

22. 循环判断条件为 k=1,始终满足,所以该循环为死循环,故选 D。

23. i 为 0、2、4 时,分别输出 c、c+2、c+4,即 A、C、E;i 为 1、3、5 时,分别输出 b+1、b+3、b+5,即 b、d、f;所以输出结果为 AbCdEf。故选 B。

24. 选项 A 中格式说明不对;B 中 x+6 为指针,*(x+6)不是地址;D 中 p[6]表示不对。故选 C。

25. 执行 fun(a)时,会依次取 a 里面的字母。B 的 ASCII 码为 66,Y 的 ASCII 码为 89,T 的 ASCII 码 84,E 的 ASCII 码为 69。但因为函数 fun(a)只会输出 ASCII 码为奇数的字母,故选 D。

26. 循环条件 getchar()! ='n'表示只要不输入回车键,语句一直为真,而 while 循环的循环语句为空语句,所以 while 会出现空循环。只有在按下回车键后才能跳出循环,执行下一个语句。故选 C。

27. 在 if…else 语句中,else 和最近的 if 配对,所以本题中:if(! x)与 else if(x==0)一对,是外层;而 if(x)与 else 是一对,是 else if(x==0)条件的内层。所以条件均不成立,y 没有进行任何操作,仍为 0。故选 D。

28.选项 A 将二维数组 s 赋值给了指针 p;选项 B 将指向一维数组的指针赋值给指针;选项 D 将二维数组赋值给了指向一维数组的指针。故选 C。

29.语句"if(* c>='a'&& * c<='z') * c= * c−('a'−'A');"的作用是将字符串中的小写字母变为大写字母。故选 C。

30.选项 A 只给 x[0]赋值;选项 B 和 A 一样不能循环赋值;选项 D 不能为 x[0]赋值,且出界。故选 C。

31.在输入多个字符串时,C 系统会把空格作为字符串间的分隔符。所以本题中将第一个空格的前半部分赋值给 a,将空格以及后面的部分赋值给 b。故选 B。

32.执行 fun(3)会返回 fun(3−1)+1;执行 fun(2)会返回 fun(2−1)+1;执行 fun(1)会返回值 1。所以一共调用了三次。故选 B。

33.fun(b,c)在 b=5,c=6 时,为 5。所以 fun(2 * a,fun(b,c))实际为 fun(8,5),结果为 6。故选 B。

34.静态局部变量只是在定义的函数内有效,但仅分配一次内存。函数返回后,变量 x 不会消失,下一次会取上一次结果值。本题第一次循环调用 fun 后 x 为 2,s 为 2;第二次循环调用 fun 后 x 为 4,s 为 8;第三次循环调用 fun 后 x 为 8,s 为 64。故选 D。

35.S(k+j)=4 * (k+j) * k+j+1,结果是 143。故选 B。

36.结构体中的字符串赋值不能通过指针来赋值。故选 C。

37.dt 为一个结构体数组,其中 dt[0]. x=1,dt[0]. y=2,dt[1]. x=3,dt[1]. y=4。p 指向结构体数组的第 1 个元素,所以 p−>x 为 1,p−>y 的值为 2。故选 D。

38.data 为一个结构体数组,其中 data[0]. a=10,data[0]. b=100,data[1]. a=20,data[1]. b=200。p 指向结构体数组的第 2 个元素,那么 p.a 为 20,p.b 为 200。故选 D。

39.8 的二进制为 00001000,右移 3 位后变为 00000001,即结果为 1。故选 C。

40.用"w"方式打开的文件只能写数据,而不能读。如果原来不存在该文件,则打开时新建一个以指定的名字命名的文件。如原来存在该文件,则打开时将该文件删去,重新建立一个新文件。故选 B。

二、填空题

1.有序

2.本题根结点为 A,B 是 A 的左孩子,D、E 分别是 B 的左、右孩子,C 是 A 的右孩子,F 是 C 的左孩子。故空白处填写:

DEBFCA

3.单元测试

4.主

5.D

6.(int)((double)(3/2)+0.5+(int)1.99 * 2)= (int)(1+0.5+2)=3,故空白处填写:

3

7.x 为 12,所以后两条 if 语句能被执行,分别输出 12 和 17。故空白处填写:

1217

8. ASCII 码为 48 的字符为 0，ASCII 码为 48+9 的字符为 9。故空白处填写：

09

9. 当 i 能够被 6 整除，就输出 1 行 * 号。本题中 i 的值从 1 到 24，共有四个数可以被 6 整除，故空白处填写：

4

10. 本题中 if 语句的语句体只有"t=x;"，而 if 语句不成立，执行语句"x=y;y=t;"，故 x=20,y=0。故空白处填写：

20 0

11. 该程序是将 a[i] 的元素前移一个位置，故空白处填写：

a[i−1]=a[i]

12. 程序中使用了函数 avg，使用需要对 avg 函数先进行函数声明。故空白处填写：

double avg(double a,double b)

13. n[1]=1,n[2]=1*2+1=3,n[3]=3*2+1=7,n[4]=7*2+1=15，故空白处填写：

13715

14. 本程序功能是将字符串 welcome 从后向前输出，故空白处填写：

emoclew

15. 本程序功能是将数组 x[] 的内容输出，故空白处填写：

123456

2011 年 9 月

一、选择题

1. 算法是指解题方案的准确而完整的描述，是一系列解决问题的指令集合。算法具有以下基本特征：有穷性、确定性、有效性、有零个或多个输入、有一个或多个输出。故选 D。

2. 线性链表是具有链接存储结构的线性表，它用一组地址任意的存储单元存放线性表中的数据元素，逻辑上相邻的元素在物理上不要求也相邻，不能随机存取，一般用结点描述。各数据结点的存储顺序与数据元素之间的逻辑关系可以不一致，但数据元素之间的逻辑关系是由指针域来确定的。故选 C。

3. 二叉树中叶子结点总是比度为 2 的结点多一个。故选 B。

4. 属于应用软件的是学生成绩管理系统。故选 A。

5. 该系统总体结构图为树结构，树分三层。树结构中树的最大层数就是树的深度，故选 D。

6. 程序调试，是将编制的程序投入实际运行前，用手工或编译程序等方法进行测试，修正语法错误和逻辑错误的过程。它是保证计算机信息系统正确性的必不可少的步骤。故选 D。

7. 数据字典是系统中各类数据描述的集合，是进行详细的数据收集和数据分析所获得的主要成果，应该在数据库设计需求分析阶段建立的。故选 A。

8. 数据模式的三个层次：外部层、概念层和内部层，构成数据库系统的三级模式结构。故选 D。

9. 关系 T 是关系 R 和关系 S 经过差运算得出的。故选 B。

10. 面向对象设计方法主要特征:封装、继承、多态三大特性。故选 A。

11. C 语言源程序文件名后缀可以是.C。C 语言编写的函数都可以作为一个独立的源程序文件,而一个 C 语言程序只能有一个主函数 main。C 语言编写的函数不可以独立的编译并执行。故选 C。

12. 可采用自顶向下、逐步细化的设计方法把若干独立模块组装成所要求的程序,但不能采用自底向上来设计。故选 C。

13. 所谓常量,是指在程序运行过程中,其值不能被改变的量,可分为整型常量、实型常量、字符常量和字符串常量。还可分为数值型常量和非数值型常量。变量是指在程序运行过程中,值能够被改变的量。故选 D。

14. 按照 C 语言中数据类型转换的原则,字符型'A'与整型 a 相加,结果为整型;再和双精度 b 相加,结果为双精度型。故选 C。

15. x,y,z 均为整型变量,所以 x/y 实为整除,结果为 1。再和 0.9 相加赋给整型变量 z,所以变量 z 值为 1。故选 B。

16. 在使用 scanf 函数输入数据时,要严格按照"格式控制"中的要求,本题中 3 和 5 中间需要加";"。故选 C。

17. 因为 k1=10,k2=20,关系表达式 k1>k2 结果为假,即 0,所以 k1=0,赋值表达式 k1=k1>k2 也为 0。而 && 运算只要第一个运算项为假,&& 运算结果即假,第二个运算项不执行,所以 k2 的值不变化。故选 B。

18. 变量 a 的初值为 1,--a 后 a 的值为 0,所以执行语句"else if(a==0)b+=2;",最后 b 值为 2。故选 C。

19. A 中当 a 的值为 0 时,条件不成立,输出 y 的值。B 中当 a 的值为 0 时,条件成立,输出 y 的值。C 中当 a 的值为 0 时,条件不成立,输出 y 的值。D 中当 a 的值为 0 时,条件成立,输出 x 的值。故选 D。

20. 本题的 while 循环的循环体为空语句,当变量 a 的值为 0 时,退出循环,但变量 a 由于自减所以变为 -1 输出。故选 A。

21. 选项 B 语句"printf("%d\n",'A');"是按"%d"的形式输出整型。故选 B。

22. do…while 循环是先执行循环,后判断条件,条件成立进入下一次循环,条件不成立结束循环。在循环中输出表达式 *s%10 的值,其中 * 是指针运算符,取得指针变量指向的值。第一次循环时 *s 的值为 a,a%10 的值为 7,第二次循环时 *s 的值为 b,b%10 的值为 8,第三次循环时 *s 的值为 c,c%10 的值为 9。故选 B。

23. 定义变量时用 * 说明其后的变量为指针变量,不是一个地址运算符。故选 A。

24. for 循环中,i 为 0 时,函数 f 的返回值为 1;i 为 10 时,函数 f 的返回值为 101;当 i 为 20 时,函数 f 的返回值为 401;当 i 为 30 时,条件不成立,结束循环。a 的值为函数 f 返回值的累加和 503。故选 A。

25. A 中 * 的优先级高于+=,可以写为(*p)+=1,即让指针 p 指向的数据加 1,B 和 C 选项都是让指针 p 指向的数据加 1。选项 D 中++的优先级高于 *,所以可以写为 *(p++),也就是让指针 p 加 1,获取下一个地址的数据。故选 D。

26. A 定义了一个包含 6 个数据的一维数组。B 定义了一个包含 5 行 3 列数据的二维数组。D定义了一个包含6行4列数据的二维数组。C定义了一个包含2行4列数据的二维数组,但初始化时,超出了数组下标的范围。故选C。

27. 函数fun的实参是&a[3],即把a[3]的数组元素的地址传递给形参指针变量p,也就是p指向a[3],在fun函数中输出p[5]的值,也就是p指向地址后第五个位置的值,即a[3+5]的值。故选D。

28. 函数fun中的数组a和mian函数中的x为同一数组,数组b和mian函数中的y为同一数组。在fun函数的for循环中,当i为0时,b[0]=a[0][0]-a[0][3]=1-4=-3,当i为1时,b[1]=a[1][1]-a[1][2]=6-7=-1,当i为2时,b[2]=a[2][2]-a[2][1]=11-10=1,当i为3时,b[3]=a[3][3]-a[3][0]=16-13=3。故选B。

29. while循环中,从前往后依次判断指针x和y指向的字符是否相同,如果不相同或指针x已经到了字符串的结尾,则结束循环。故选B。

30. 函数strcmp是将s1的各字母的ASCII码与s2的进行比较,若大于则返回1,若相等返回0,若小于则返回-1。本题中s1小于s2,所以返回值为-1,那么选项B条件成立,输出s2的值。D条件成立,输出s1的值。故选D。

31. 想传递一个数组,那么应该把形参变量译为数组变量或者指针变量。故选D。

32. 如果第一个参数大于第二个参数返回正数。函数strcpy用于字符串复制,把第二个参数的值复制给第一个参数变量。嵌套的for循环用于实现按冒泡法排序数组a中的字符串。在if条件中,a[i]大于a[j]时交换数据,也就是把较少的数据值向前移动,实现由小到大的排列。故选C。

33. 表达式f(++n)中的++n是n先自加1,然后返回表达式的值,则n的值为1,参数表达式++n的值为1,在f函数中n是静态变量,累加m的值后n为1,f函数的返回值为1。在main函数的第二个输出语句中,表达式f(n++)中的参数n++是先返回表达式的值,然后n自加1,则n的值为2,参数表达式n++的值为1,在f函数中n是静态变量,在上一次执行结果的基础上累加m的值后n为2,f函数的返回值为2。故选A。

34. ch[1]代表ch数组中第一维下标为1的首个字符的地址。%s表示输出一个字符串。故选D。

35. 函数fun中指针w指向数组a首地址,m代表数组a中字符个数。指针p1初始指向数组a首地址,指针p2初始指向数组a尾元素地址,在while循环结构中,实现p1和p2指向位置数据的交换。故选A。

36. 在mian函数中把结构体变量c传递到f函数的参数a,由于结构体变量作为参数传递时,按值传递,所以在f函数中对结构体变量a的修改,不影响实际参数c的值。故选A。

37. a[0]中的next指针指向a[1],a[1]中的next指针指向a[2],a[2]中的next指针为NULL。结构体指针变量p指向数组a的首地址。p->n读取指针p指向结构体的n数据项的值。p->next->n读取指针p指向结构体的next数据项指向的结构体的n数据项的值。故选B。

38. a的值为2,二进制为0000 0010,向左移动两位后为0000 1000。所以变量b的值为8。故选D。

39. 函数中的静态变量,第一次调用函数时,创建变量并赋初值,以后调用函数时,静态变量不需要重新创建,使用上次调用函数时保留的值。故选A。

40.第一个 for 循环中,把数组 a 中的数据依次写入文件 d2.dat,数据项用"\n"分隔。第二个 for 循环中,依次读取文件 d2.dat 中的数据,每次读两个数据项。当 i 的值为 2 时,k 中的数据为 a[2*2]中对应数据 5,n 中的数据为 a[2*2+1]中对应数据 6。故选 C。

二、填空题

1.带链的栈是指栈的链式存储结构,栈是特殊的线性结构。所以带链的栈逻辑结构是线性结构。故空白处填写:

线性结构

2.若在顺序存储的线性表中第一个元素之前插入一个元素,那么从第一个元素开始到第 n 个元素都要依次向后移动一个位置。故空白处填写:

n

3.在需求分析阶段,需求分析方法可以采用结构化分析方法和面向对象分析方法。结构化分析常用的工具为数据流图、数据字典、过程设计语言、判定表和判定树等。故空白处填写:

结构化方法

4.数据库管理系统

5.关系模型中的关系

6.printf("*****a=%d,b=%d****",a,b);

7.运算符"%="的功能是取模即求余数运算。故空白处填写:

1

8.当 i 分别为 6、5、4 时,条件成立,执行语句 j=i,最后 j 的值为 4。当 i 为 3 时,条件不成立,结束循环。故空白处填写:

34

9.当 i 为 1 时,n[1]=n[1-1]*3+1=1。当 i 为 2 时,n[2]=n[2-1]*3+1=n[1]*3+1=4。故空白处填写:

14

10.当 a 为 0 时,a+'A'的值为'A';当 a 为 5 时,a+'A'的值为'F';当 a 为 10 时,a+'A'的值为'K';当 a 为 15 时,条件不成立,结束循环。故空白处填写:

AFK

11.在 main 函数中调用 fun 函数(设为 f1),参数为 11,在 f1 函数中 x 的值为 11,判断条件 x/5>0 成立,执行对应语句,继续调用 fun(设为 f2),参数为 2,在 f2 函数中 x 的值为 2,判断条件 x/5>0 不成立,执行输出语句,输出 f2 函数中 x 的值 2,f2 函数调用结束,返回 f1 函数。在 f1 函数中继续向下执行,执行输出语句,输出 f1 函数中 x 的值 11,f1 函数调用结束,返回 main 函数。故空白处填写:

211

12.本题中 while 循环用于从键盘获取一组输入字符,直到输入回车键为止。当输入'A'时,c[k-'A']=c[0]=1;当输入'B'时,c[k-'A']=c[1]=1;当输入'C'时,c[k-'A']=c[2]=1。依此类推。故空白处填写:

213

13.当 i 为 0 时,在 for 循环中,j 为 0 时,n[0]=n[0]+1=1;j 为 1 时,n[1]=n[0]+1=2。当 i 为 1 时,在 for 循环中,j 为 0 时,n[0]=n[1]+1=3;j 为 1 时,n[1]=n[1]+1=3。

故空白处填写：

3

14. 在 main 函数中调用 fun 函数时把数组 a 的首地址传递给数组 s。在 fun 函数的 for 循环中，依次把第 i 项的值赋值给 i+1 项，即从 *n−1 项开始至 k 项依次把数据向后移动一个位置。*n 代表数组中数据的个数，向数组中插入一个数据后，数据个数为 *n+1。故空白处填写：

i+1

1

参考文献

[1] 谭浩强.C语言程序设计(第二版)[M].北京:清华大学出版社,1999

[2] 谭浩强.C语言程序设计题解与上机指导[M].北京:清华大学出版社,2000

[3] 张军安.C语言程序设计基础教程(全新版)[M].西安:西北工业大学出版社,2006

[4] 姜丹.C语言程序设计基础与实训教程[M].北京:清华大学出版社,2007

[5] 唐云廷.C语言程序设计[M].2版.北京:科学出版社,2009

[6] 唐云廷.C语言程序设计实验指导[M].北京:科学出版社,2011

[7] 方风波.C语言程序设计[M].2版.北京:地质出版社,2009

[8] 刘智.C语言程序设计上机实训与习题集[M].北京:地质出版社,2006

[9] 汪文立.二级C语言程序设计考试考点分析与全真训练[M].北京:中国水利水电出版社,2007

[10] Stephen Prata.C Primer Plus(第五版)中文版[M].云颠工作室,译.北京:人民邮电出版社,2005

[11] Jeri R. Hanly,Elliot B. Koffman.C语言详解(第6版)[M].潘蓉,等,译.北京:人民邮电出版社,2010

[12] 董汉丽.C语言程序设计[M].5版.大连:大连理工大学出版社,2009

[13] 董汉丽.C语言程序设计习题解答与技能训练[M].大连:大连理工大学出版社,2009